Ulrike Brämer

Karin Blesius

Fit für die Präsentation

Arbeitsbuch mit Lernarrangements für Kommunikations- und Präsentationskompetenz

5. Auflage

Bestellnummer 020

Erklärung der Symbole und des Farbeinsatzes

 Zu Beginn der Lernaufgabe steht eine authentische Situation, die die Lernenden in die Arbeitswelt hineinversetzt. Sie lesen die Situation, konkretisieren mit eigenen Worten das Problem. Beim Erledigen des Arbeitsauftrages orientieren die Lernenden sich immer an der Leitfrage und beantworten diese bei der abschließenden Präsentation.

 Der Arbeitsauftrag wird schrittweise in unterschiedlichen Sozialformen (Einzel-, Partner-, Gruppenarbeit bzw. Plenum) innerhalb eines festgelegten Zeitrahmens erledigt. Die Lernenden lesen die Arbeitsschritte, wiederholen sie – zumindest bei den ersten Arbeitsaufträgen – mit eigenen Worten und bearbeiten sie selbstständig.

Recherchieren Für die Wörter in **blauer** Schriftfarbe gibt es in den Nachschlagewerken (Präsentations- und Moderations-Manual, PowerPoint-Funktionen ...) ausführliche Informationen. Über das Indexverzeichnis erhalten Sie schnell die entsprechende Seitenzahl.

5. Auflage 2017
Copyright © 2010

by SOL-Verlag GmbH, Düsseldorf

www.sol-verlag.de
info@sol-verlag.de

Text: Ulrike Brämer und Karin Blesius
ISBN 978-3-942264-02-0 – Bestellnummer 020

Vorwort

Liebe Lernende, liebe Leser,

welche Kompetenzen müssen Sie für Ihren jetzigen oder zukünftigen Beruf mitbringen? Neben den Fachkompetenzen erwartet Ihr Arbeitgeber von Ihnen, dass Sie Methodenkompetenz besitzen. Die Halbwertszeit von fachlichen Qualifikationen ist in der heutigen Zeit kurz; Sie müssen also in der Lage sein, sich Fachwissen oder z. B. neue Programmversionen selbstständig anzueignen, und das ein Leben lang. Darüber hinaus ist es gerade im Beruf wichtig, dass Sie eine gewisse Kommunikations- und Präsentationskompetenz mitbringen, da Sie mit Kunden oder anderen Geschäftspartnern kommunizieren. Mit diesem Buch wird Ihre Kommunikations- und Präsentationskompetenz durch Partner- und Gruppenarbeit geschult, innerhalb derer Sie diskutieren und argumentieren, um Ihre Vorstellungen einzubringen. Sie präsentieren Ihr Ergebnis vor einem Publikum. Letztendlich ist bei der Einstellung eines Bewerbers aber nicht ausschließlich das Zeugnis relevant, sondern natürlich die Person. Ihre Personalkompetenz wird gefördert, indem Sie in diesem Buch zum selbstständigen und eigenverantwortlichen Arbeiten hingeführt werden. In den Lernarrangements müssen Sie Ihre eigenen Produkte (Leistungen) und die der anderen kritisch kommentieren, sodass Ihre Urteilsfähigkeit verfeinert wird. Die Personalkompetenz beinhaltet auch Ihre Denkfähigkeit. Die Arbeitsaufträge sind so aufgebaut, dass Sie analytisch arbeiten (Informationen einem Text entnehmen), die Informationen dann strukturieren und vernetzen. Ebenso wird Ihre Kreativität bei der Produkterstellung geweckt.

Jede Lernsituation ist nach dem gleichen Schema aufgebaut. Zu Beginn finden Sie einen Überblick über die zu erreichenden Kompetenzen, die Inhalte, die Lern- und Arbeitstechniken bzw. Methoden und die benötigten Ressourcen. Die in dem Raster abgebildeten Wörter, Grafiken oder Zeichen dienen zur **Lernanbahnung**. Sie eignen sich besonders für Brainstorming-Übungen oder Klassengespräche, damit Sie u. a. Ihr Vorwissen und Ihre Erwartungen äußern können. Anschließend bearbeiten Sie die Lernaufgaben. Zunächst beschäftigen Sie sich mit der **problemorientierten Situation,** machen sich die Leitfrage klar und lösen anschließend den Arbeitsauftrag, der sich in der Regel an dem Modell der **vollständigen Handlung** (informieren – planen – entscheiden – ausführen – kontrollieren – auswerten) orientiert.

Hier erhalten Sie nun eine systematische Anleitung zur Informationsbeschaffung und -verarbeitung. Für neue Software-Funktionen oder neue Methoden können Sie im Funktionsteil bzw. Methodenpool nachschlagen. Es werden nicht alle Arbeitsschritte erläutert sein, diese müssen Sie sich dann über das Hilfemenü oder das Internet ergänzen. Bearbeiten Sie die Lernaufgabe immer so, dass Sie später in Ihrer Präsentation die **Leitfrage** umfangreich beantworten können. Zum Schluss steht im Plenumsgespräch die Reflexion/Besprechung des Ergebnisses an. Hier soll nun konstruktiv das erarbeitete Produkt, der Vortrag oder die Moderation beurteilt werden. Ihr korrigiertes Ergebnis heften Sie anschließend in einem Schnellhefter oder Ordner unter „Produkte" ab.

Zur schnelleren Übersicht steht ein Funktionsjournal zur Verfügung, in das Sie Ihre Vorgehensweise beim Arbeiten mit der Textverarbeitungssoftware dokumentieren. Am Ende der Lernsituation sollen Sie zur Selbstreflexion angeregt werden. In einem Lernjournal reflektieren Sie Ihren Kompetenzzuwachs (Fach-, Methoden-, Personal- und Sozialkompetenzen) sowie persönliche Entwicklungen und Vorsätze. Sie suchen sich für Ihr Portfolio ein gut gelungenes bzw. aussagekräftiges Handlungsprodukt heraus und begründen an diesem Ihre erworbenen Fähigkeiten. Hierdurch wird der Anspruch an Selbststeuerung und Eigenverantwortung im Lernen gefördert.

Neue Lern- und Lehrkultur

Bei den Lernarrangements zur Erlangung der Präsentations-Kompetenz sollen Sie keine fertigen Vorlagen übernehmen, sondern Sie sollen Fragen stellen, Probleme sehen, Sachverhalte erforschen und selbst kreativ sein. Die Lehrkraft gibt Ihnen die Möglichkeit, sich aktiv am Lernprozess zu beteiligen. Sie agiert selbst als Planer, die Lernaufgaben mit Ihnen bespricht, Informationen und Medien bereitstellt und beratend zur Seite steht. Die neue Lern- und Lehrkultur setzt voraus, dass Sie zur Bearbeitung einer komplexen Lernaufgabe eigenständig Informationen erfassen, den Lösungsweg planen, Entscheidungen treffen, Ihre Ideen ausführen und sich gegenseitig kontrollieren.

In der **Präsentations- bzw. Bewertungsphase** der Handlungsprodukte lenkt Ihre Lehrkraft die Plenumsdiskussion durch Impulse, falls Fehler, Lücken oder Unstimmigkeiten auftreten. Nur wenn Ihnen ein Handlungsspielraum gewährt wird, können Sie kreativ agieren, eigene innovative Lösungswege finden und sich selbst organisieren. Die Lehrkraft wie auch Sie müssen offen und tolerant bei der Bewertung der Handlungsprodukte sein. Sie sollen keine rezeptive (Empfänger-) Rolle übernehmen, denn dadurch wird keine Motivation zum eigenständigen Lernen entwickelt. Doch gerade die Motivation ist die wertvollste Ressource für Sie. Die Motivation zum Lernen zu entwickeln und aufrecht zu erhalten, ist entscheidend für Ihr erfolgreiches Berufsleben.

Leistungsnachweise. Daneben sollte der Lernerfolg prozessorientiert überprüft werden, d. h. dass Ihre Arbeitshaltung während der Erarbeitungsphase bewertet wird. Das Bemühen, die Arbeit zu kontrollieren, zu planen, mit dem Partner sich abzustimmen, den Zeitrahmen einzuhalten etc. wird gleichbedeutend für den Lernerfolg angesehen wie das dadurch erlangte Resultat bzw. Fachwissen. Die Arbeits- und Lernprozesse selbst und die dabei gebildeten Kompetenzen werden ebenso benotet wie das erworbene Fachwissen. Die Lehrkraft sollte darauf achten, dass für die Reflexionsanteile angemessene Zeit aufgewendet wird. Sie sollten sorgfältig angeleitet werden, um Ihren Kompetenzzuwachs angemessen auszuwerten. Grundsätzlich sollten Sie ab und zu ein Gespräch mit Ihrer Lehrkraft führen, ob Ihre Selbsteinschätzung mit der Fremdeinschätzung übereinstimmt. Halten Sie dabei die Tipps der Lehrkraft schriftlich fest. Am Schluss der Beratung sollten Sie Vorsätze fassen, um Ihre Kompetenzen weiterzuentwickeln und diese ebenfalls schriftlich festzuhalten.

Einige **Handlungsprodukte** werden benotet. Anhand von vorgegebenen Beurteilungskriterien, die Ihnen beim Erledigen Ihres Arbeitsauftrages vorliegen, kann das Produkt objektiv bewertet werden. In diesem Buch werden Sie in den Arbeitsaufträgen aufgefordert, Ihre Produkte abzuheften. Im Lernjournal – Reflexion wählen Sie besonders gelungene Produkte aus, die Ihre Leistungsentwicklung widerspiegeln; heften Sie in einem Portfolio ab. Das **Portfolio** stellt somit eine Ergänzung der Leistungsbewertung dar.

Wir hoffen, dass Sie mit dem Arbeitsbuch zu fruchtbaren Arbeitsergebnissen gelangen, viel Spaß bei der Arbeit haben und durch die regelmäßigen Partner- und Gruppenarbeiten die Klassengemeinschaft gestärkt wird.

Ulrike Brämer und Karin Blesius

Juni 2017

Inhaltsverzeichnis

4   Präsentations- und Moderationsmanual   35

Notizen

Firmenporträt

Anschrift	Bürobedarf Hauser & Schulte GmbH Hausanschrift Balduinstraße 15 54296 Trier	Postanschrift Postfach 1 23 54207 Trier
Kommunikation	Telefon: 0651 487-1347 Telefax: 0651 487-1345 E-Mail: info@buerobedarf-trier.de Internet: www.buerobedarf-trier.de	
Gesellschafter	Sabrina Hauser Thomas Schulte	
Rechtsform	Gesellschaft bürgerlichen Rechts (GbR)	
Gründungsjahr	1997	
Handelsregister	Amtsgericht Trier, HR A 40392	
Steuer-Nr.	10/201/0204/5 USt-ID DE 190453342	
Mitarbeiter(innen)	55	
Jahresumsatz	32 Mio. €	
Bankverbindung	Sparkasse Trier Kto. Nr. 339922 BLZ 644 900 20 IBAN DE67 2630 0000 0923 00 BIC: RLade21NOH	
Abteilungen	• Poststelle • Sekretariat • Einkauf • Verkauf • Buchhaltung • Lager	
Bürotechnikgeräte	• Aktenvernichter • Diktiergeräte und Zubehör • Kopiergeräte und Zubehör • PC's und Notebooks • Poststraße	
Bürobedarf	• Etiketten • Formulare, Blöcke und Geschäftsbücher • Hängeregistraturen • Karteikästen und Zubehör • Ordner und Zubehör • Papier	

1

Arbeitsplan

Kompetenzen	• Anhand von Selbst- und Fremdeinschätzung die vorhandene Personalkompetenz einordnen. • Zielvereinbarung zur Förderung der Personalkompetenz treffen.
Inhalte	• Berufsanforderung • Soft Skills • Selbst- und Fremdbeurteilung • Zielformulierung
Methoden/Lernstrategien	• Selbst- und Fremdbeurteilung • Suchstrategien entwickeln • Markieren, Exzerpieren, Strukturieren
Zeit	Ca. 12 Stunden

Warm up

Welche Anforderungen stellen Unternehmen an ihre Mitarbeiter?

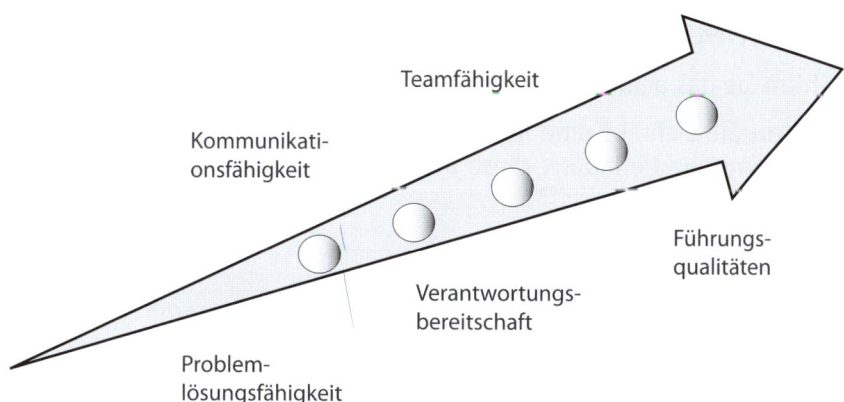

Teamfähigkeit

Kommunikationsfähigkeit

Führungsqualitäten

Verantwortungsbereitschaft

Problemlösungsfähigkeit

1

1.1 Lernaufgabe

In Ihrem weiteren Berufsleben werden Sie sich immer wieder einmal bewerben müssen. In den Medien wird darüber viel gesprochen und geschrieben: „Bewerber scheitern mangels Persönlichkeit" – wer beim Vorstellungsgespräch nicht in der Lage ist, neben seinen fachlichen Vorzügen auch Soft Skills und soziale Kompetenz zu demonstrieren, geht häufig leer aus. Für Bewerber wird es zur zwingenden Notwendigkeit, die persönlichen und sozialen Kompetenzen im Vorstellungsgespräch besser als bisher zur Geltung zu bringen. Wer Erfolg haben will, muss genau an dieser Stelle den Hebel ansetzen. Was bedeutet diese Aussage für Sie?

Was verstehen Sie unter Soft Skills?

Arbeitsauftrag

Einzelarbeit

1. **Gestalten** Sie ein klar strukturiertes Merkblatt zu den Soft Skills. Lesen Sie dazu den Informationstext „Soft Skills – ohne geht es nicht mehr".

2. **Markieren** Sie die Schlüsselwörter.

3. **Informieren** Sie sich ggf. im Internet über die Bedeutung der Fremdwörter, die Sie in Ihrem Merkblatt in der Fußnote erläutern.

4. **Strukturieren** Sie die Informationen in Tabellenform – **Übersichtliche Darstellung durch Tabellen**.

Partnerarbeit

5. **Vergleichen** Sie Ihre Ergebnisse – üben Sie konstruktive Kritik, d. h. machen Sie Ihrem Partner Vorschläge, was er besser machen kann, bzw. sagen Sie ihm, was ihm gut gelungen ist.

6. **Verbessern** Sie ggf. Ihr Merkblatt über Soft Skills.

Gruppenarbeit (Vierergruppen)

7. **Wählen** Sie das gelungenste Ergebnis aus.

8. **Bereiten** Sie sich auf eine lebendige Präsentation über Soft Skills vor – jedes Gruppenmitglied erläutert diese an zwei Beispielen aus dem eigenen Umfeld bzw. aus der Berufspraxis.

Plenum

9. **Präsentieren** Sie Ihr Ergebnis.

10. **Beurteilen** Sie die Ergebnisse:

    - Merkblatt: Inhalt, Layout
    - Beispiele: anschaulich, realitätsnah

1

Soft Skills – ohne geht es nicht mehr

„Die wirtschaftlichen Veränderungen führen in der Arbeitswelt zu verstärktem Bedarf an berufsübergreifenden Kompetenzen und Fähigkeiten. Diese Fähigkeiten werden als Schlüsselqualifikationen bezeichnet. Inzwischen gibt es eine lange Liste von Kompetenz-, Verhaltens- und Wissensmerkmalen, die zusammengefasst als Schlüsselqualifikationen bezeichnet werden. Schlüsselqualifikationen – auch Soft Skills genannt – sind Kompetenzen (Fähigkeit, Fertigkeit, Denkmethode und Wissensbestand), die über die fachliche Kompetenz hinausgehen. Sie helfen bei der Lösung von Problemen und beim Erwerb von Kompetenzen in möglichst vielen Inhaltsbereichen und haben berufsübergreifende Bedeutung, da sie Aspekte der Persönlichkeitsbildung beinhalten. Sie dienen als Schlüssel zu weiteren Qualifikationen.

Diese Qualifikationen spielen bei Bewerbung und beruflichem Erfolg eine immer größere Rolle. Im Einzelnen sind dies: kognitive Kompetenzen, die das Denken in Zusammenhängen umfassen, die Fähigkeit zu logischem und abstraktem Denken, Transferfähigkeit und Problemlösungsfähigkeit. Kommunikative Kompetenzen sind die schriftliche und mündliche Ausdrucksfähigkeit, Beherrschung von Präsentationstechniken, Diskussionsfähigkeit, partnerorientierte Kommunikation, Konsensfähigkeit. Sozialkompetenzen beinhalten Konflikt- und Kritikfähigkeit, Teamfähigkeit, Fähigkeit und Bereitschaft zu Kooperation, Einfühlungsvermögen, Durchsetzungsvermögen, Führungsqualitäten oder Kundenorientierung. Personalkompetenz umfasst die Bereitschaft und Fähigkeit zu Selbstständigkeit, Flexibilität, Kreativität, Initiative, geistiger Offenheit, Verantwortungsbereitschaft, Leistungsbereitschaft, Zuverlässigkeit, Umgang mit Unwägbarkeiten, demokratischer Grundhaltung, Zivilcourage und ethischem Urteilsvermögen, Kompetenz für das selbstgesteuerte Lernen.

Ein Grund für berufliche Stagnation liegt häufig darin, dass es Bewerbern und Mitarbeitern an Schlüsselqualifikationen im kommunikativen und sozial-emotionalen Bereich fehlt. Sie spielten bei der Ausbildung über viele Jahrzehnte kaum eine Rolle. Aber mit der Einführung von Teamarbeit, Kundenorientierung und immer neuen Arbeitsmitteln sowie zunehmender Internationalisierung haben die Unternehmen erkannt, dass Fachwissen allein nicht weiterhilft.

Die Bundesvereinigung der Deutschen Arbeitgeberverbände wünscht sich, dass Berufsanfänger zu gleichen Teilen Schlüsselqualifikationen und fachliche Qualifikationen mitbringen sollten. Die Wirklichkeit sieht anders aus: „Insgesamt beklagen 48 Prozent der Betriebe und Verbände Defizite in der Allgemeinbildung, mit knapp 40 Prozent an zweiter Stelle der Kritik stehen die für die Berufspraxis wichtigen Schlüsselqualifikationen. Mehr als ein Drittel (37,2 Prozent) kritisieren die mangelnden kognitiven und methodischen Fähigkeiten" (Tille 2008).

1.2 Lernaufgabe

Nachdem Sie erfahren haben, was in der Wirtschaft von Mitarbeitern erwartet wird, überlegen Sie sich, welche Soft Skills (Schlüsselqualifikationen) Sie bereits mitbringen bzw. welche Sie noch fördern möchten. Bei einem Vorstellungsgespräch, der Teamarbeit oder einem Vortrag treten Sie selbstbewusst auf, wenn Sie Ihre Fähigkeiten und Fertigkeiten richtig einschätzen können. Selbstbewusst sein bedeutet, Sie sind sich Ihrer Stärken und Schwächen bewusst – wohlgemerkt auch der Schwächen. Manche Menschen übersehen diesen Teil. Sie glauben, wer wirklich selbstbewusst ist, habe keine Schwächen.

Worin liegen Ihre Stärken und Schwächen?

Arbeitsauftrag

Einzelarbeit

1. **Erstellen** Sie eine Liste über Ihre Stärken und über Ihre Schwächen.

2. **Notieren** Sie vier Ihrer besten und schwächsten Eigenschaften.

Partnerarbeit

3. **Überprüfen** Sie gegenseitig Ihre Selbsteinschätzung und korrigieren bzw. ergänzen Sie.

Einzelarbeit

4. **Erstellen** Sie ein übersichtliches Stärke-Schwäche-Profil zu Ihrer Person in einer Tabelle.

5. **Notieren** Sie aus den siebzehn genannten persönlichen Erfolgsfaktoren mindestens zehn.

6. **Schätzen** Sie zu den zehn ausgewählten Soft Skills Ihren jetzigen Stand ein (Optimalbereich, Potenzialmangel, übertriebene Ausprägung).

Partnerarbeit

7. **Besprechen** Sie Ihre Stärke-Schwäche-Profile.

8. **Suchen** Sie gemeinsame Maßnahmen, um dem Optimalbereich Ihrer gewünschten Soft Skills näherzukommen.

9. **Legen** Sie drei überprüfbare verbindliche Zielvereinbarungen für den nächsten Monat fest.

Plenum (Stuhlkreis)

10. **Äußern** Sie sich zu den Fragen:

    - Warum ist regelmäßige Selbsteinschätzung sinnvoll?
    - Warum sollte ich meine Schwächen erkennen?
    - Warum sollte ich mir meiner Stärken bewusst sein?

11. **Heften** Sie Ihr Stärke-Schwäche-Profil in Ihr Portfolio ab und überprüfen Sie Ihre Zielvereinbarungen turnusmäßig.

Persönliche Erfolgsfaktoren

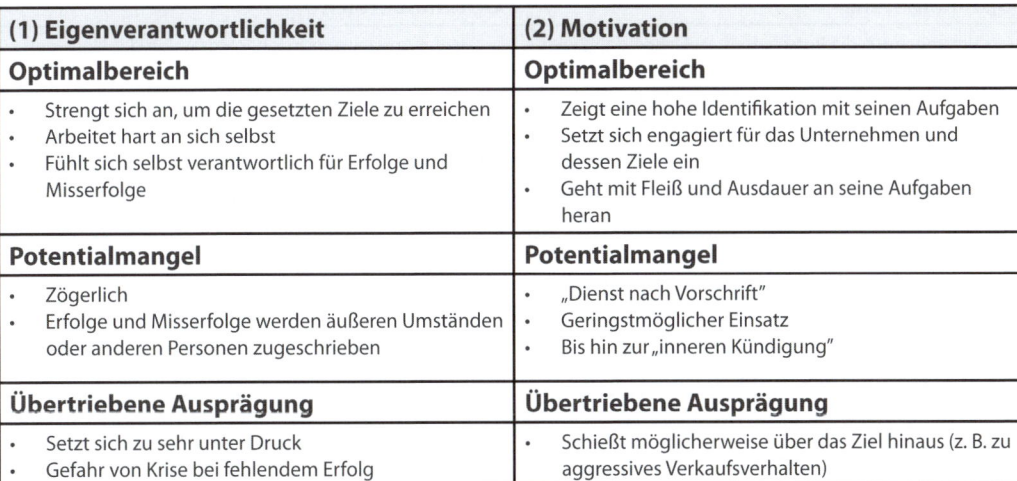

(1) Eigenverantwortlichkeit	**(2) Motivation**
Optimalbereich	**Optimalbereich**
• Strengt sich an, um die gesetzten Ziele zu erreichen • Arbeitet hart an sich selbst • Fühlt sich selbst verantwortlich für Erfolge und Misserfolge	• Zeigt eine hohe Identifikation mit seinen Aufgaben • Setzt sich engagiert für das Unternehmen und dessen Ziele ein • Geht mit Fleiß und Ausdauer an seine Aufgaben heran
Potentialmangel	**Potentialmangel**
• Zögerlich • Erfolge und Misserfolge werden äußeren Umständen oder anderen Personen zugeschrieben	• „Dienst nach Vorschrift" • Geringstmöglicher Einsatz • Bis hin zur „inneren Kündigung"
Übertriebene Ausprägung	**Übertriebene Ausprägung**
• Setzt sich zu sehr unter Druck • Gefahr von Krise bei fehlendem Erfolg	• Schießt möglicherweise über das Ziel hinaus (z. B. zu aggressives Verkaufsverhalten)

(3) Leistungsdrang	**(4) Kontaktfähigkeit**
Optimalbereich	**Optimalbereich**
• Sieht Ziel- oder Sollvorgabe nicht als Stress oder Druckmittel, sondern als Orientierung • Setzt Energien frei zur Zielerreichung • Behält unter Druck seinen natürlichen Leistungsdrang bei und entwickelt keine Leistungsängste	• Kontaktstark, ist gerne mit anderen Menschen zusammen • Vermittelt angenehme Offenheit • Ist in der Lage, emotionale Botschaften zu verstehen und damit umzugehen
Potentialmangel	**Potentialmangel**
• Leistungsängste • Nervosität • Anspannung in kritischen Situationen	• Verschlossenheit, Misstrauen • Zurückgezogenheit • Kälte, „schlechtes Klima" im Team
Übertriebene Ausprägung	**Übertriebene Ausprägung**
• Unter Umständen Überforderung der Kollegen durch extrem hohe Ansprüche an die eigene Leistung und an die Leistung anderer	• „Quasselstrippe", zu lange Gesprächsdauer und dadurch sinkende Aufmerksamkeit • Effizienzverluste: Es könnte passieren, dass die Arbeit aus den Augen verloren wird

(5) Selbstvertrauen	**(6) Auftreten**
Optimalbereich	**Optimalbereich**
• Traut sich an neue/unbekannte Aufgaben heran • Bleibt in Konfliktsituationen ruhig und gelassen • Ist von sich und seiner Leistungsfähigkeit überzeugt	• Fühlt sich auch höhergestellten Personen gegenüber sicher, selbstbewusst • Wird als (Gesprächs)-Partner akzeptiert • Meinung/eigener Standpunkt wird gehört und als wertvoll erachtet
Potentialmangel	**Potentialmangel**
• Minderwertigkeitsgefühle • große Angst davor zu scheitern/Versagensängste	• Wird übergangen • Kein gutes „Standing" trotz ordentlicher Leistungen; fehlende Anerkennung
Übertriebene Ausprägung	**Übertriebene Ausprägung**
• Arroganz • Selbstüberschätzung	• Selbstüberschätzung • Respektlosigkeit • Missachtung der Rangordnung

(7) Einfühlungsvermögen	(8) Einsatzfreude
Optimalbereich	**Optimalbereich**
• Versteht auch die Botschaften „zwischen den Zeilen" • „Gutes Gespür" für andere Menschen • Kann auch in Extremsituationen optimales Gesprächsklima herstellen • Wichtig für den Zusammenhang im Unternehmen/ in der Abteilung	• Hohe Anstrengung; hoher Einsatz für das Unternehmen • Übernimmt gerne Verantwortung • Arbeitet konsequent auf ein gesetztes Ziel hin
Potentialmangel	**Potentialmangel**
• Auftreten von Fehleinschätzungen • Missverständnisse und Spannungen mit anderen	• Keine ausreichende Identifikation mit dem Leistungsprinzip • Überlässt anderen die Verantwortung • Lustlosigkeit
Übertriebene Ausprägung	**Übertriebene Ausprägung**
• Empfindlichkeit • Übertriebene Sensibilität	• Übertriebene Aufopferung • Gefahr, von anderen ausgenutzt zu werden

(9) Statusmotivation	(10) Systematik
Optimalbereich	**Optimalbereich**
• Schätzt Faktoren, die den gesellschaftlichen Status definieren, hoch ein (Geld, Prestige, Anerkennung, Aufbau einer gesicherten Existenz) und ist bereit, dafür hart zu arbeiten • Erkennt die angebotenen Leistungsanreize und nutzt sie	• Präzises, geplantes, strukturiertes Vorgehen auch bei komplexeren Aufgaben • Verfolgt seinen Weg zum Ziel mit aller Konsequenz auch über einen längeren Zeitraum hinweg • Jede Aufgabe wird optimal erledigt
Potentialmangel	**Potentialmangel**
• Kann über diese Faktoren nicht motiviert werden • Spannungen gegenüber anders eingestellten Personen	• Mangelnde Effizienz • Fehlende Orientierung und Auslassen von Chancen • Chaotische Tendenz; evtl. mangelnde Zuverlässigkeit
Übertriebene Ausprägung	**Übertriebene Ausprägung**
• Übertriebener Geltungsdrang • Oberflächlichkeit • Mangelnde Bindung ans Unternehmen (Abwerbung aus finanziellen Gründen leicht möglich)	• Pedanterie • Mangelnde Kreativität, mangelnde Fähigkeit zur Improvisation und zum Umdenken

(11) Initiative	(12) Kritikstabilität
Optimalbereich	**Optimalbereich**
• Eigenständiges Handeln ohne Druck von außen • Setzt sich aktiv Ziele und verfolgt diese • Beispielhafte Initiativen, Vorbildcharakter	• Außergewöhnlich hohe Kritikfähigkeit • Fühlt sich durch Kritik nicht angegriffen, sondern empfindet diese als wertvolle Hilfe • Greift die sachlichen Inhalte der Kritik auf und verarbeitet sie
Potentialmangel	**Potentialmangel**
• Rein reaktives Verhalten • Muss laufend angeleitet und „angeschoben" werden	• Nimmt Kritik sofort persönlich • Vermeidet Situationen, die ihn in die Kritik bringen könnten
Übertriebene Ausprägung	**Übertriebene Ausprägung**
• Überschreitet Grenzen beim Ausschöpfen der Entscheidungsspielräume der eigenen Position • Plant mehr, als abgearbeitet werden kann, daraus kann „Chaos" bei der Arbeit resultieren	• Ist für Kritik nicht mehr zugänglich, nimmt diese nicht mehr ernst

(13) Misserfolgstoleranz	(14) Emotionale Grundhaltung
Optimalbereich	**Optimalbereich**
• Souverän und gelassen • Kompensiert Misserfolg durch vermehrte Anstrengungen • Zeigt in schwierigen Situationen eine höhere Stressstabilität • Blickt nach vorne	• Positive Grundeinstellung • Kann andere begeistern, mitziehen • Lässt sich nicht so schnell unterkriegen
Potentialmangel	**Potentialmangel**
• Vermeidet Situationen, die das Risiko des Misserfolgs tragen • Mangelnde Gelassenheit bei Problemen • Lageorientiertes Verhalten	• Resignative Verhaltenstendenzen • Angst • Pessimismus, „schlechtes Klima" • Kann andere mit seiner Haltung „anstecken" und herunterziehen
Übertriebene Ausprägung	**Übertriebene Ausprägung**
• Gleichgültigkeit • Rechnet überhaupt nicht mehr mit der Möglichkeit, dass einmal kein Erfolg eintreten könnte	• Leugnung negativer Dinge; Realitätsverlust • „Traumtänzer" • Falsche Einschätzung von Risiken

(15) Selbstsicherheit	(16) Flexibilität
Optimalbereich	**Optimalbereich**
• Fühlt sich in allen beruflichen Dingen sicher • „Seele" eines Teams/eines Betriebes, Schlüsselakteur	• Stellt sich ohne Probleme auf eine neue Situation um • Behält auch in turbulenten Zeiten den Überblick und arbeitet mit höchster Effizienz weiter • Freut sich auf Abwechslung und Veränderungen
Potentialmangel	**Potentialmangel**
• Unsicherheit, Selbstzweifel • Angst, zu agieren und Entscheidungen zu treffen	• Widerstand gegen Veränderungen • Probleme, mit neuen Situationen zurechtzukommen
Übertriebene Ausprägung	**Übertriebene Ausprägung**
• Überschätzen der eigenen Position („mir kann nichts passieren") • Glaubt, unersetzlich zu sein und Ähnliches	• Langweilt sich eventuell, wenn beruflich zu wenig Abwechslung und Vielfalt geboten wird

(17) Arbeitszufriedenheit	
Optimalbereich	
• Fühlt sich wohl in seinem Umfeld • Stellt im Zweifel, zunächst einmal auch eigene berufliche Ziele und Interessen zugunsten der Ziele und Gesamtinteressen des Unternehmens zurück • Identifiziert sich mit dem Unternehmen und den Unternehmenszielen	
Potentialmangel	
• „Unruhestifter": überträgt eigenen Ärger auf • Kollegen • Keine gute Leistung möglich; Identifikation mit dem Unternehmen fehlt	
Übertriebene Ausprägung	
• Übernimmt sich • Kennt keine Grenze mehr zwischen Beruf und Privatleben, andere Bereiche kommen zu kurz (Gefahr der Störung der „work-life-balance")	

Abdruck mit freundlicher Genehmigung der FAZ, Frankfurt.

1.3   Kompetenz-Portfolio

Die erste Lernsituation ist abgeschlossen und nun möchten Sie in Ihrem persönlichen Kompetenz-Portfolio (Handlungsprodukte und Lernjournal) Ihre derzeitigen Kompetenzfelder (Selbstkompetenz und Präsentationskompetenz ...) reflektieren. Dazu setzen Sie sich erneut mit den Kerninhalten

Soft Skills – Meine Chancen nutzen
Mein Stärke- und Schwächeprofil interpretieren

der ersten Lernsituation auseinander.

Wie entwicklen Sie Ihre Persönlichkeit weiter?

Arbeitsauftrag

Einzelarbeit

1. **Äußern** Sie sich aus den in der vergangenen Lernsituation gemachten Erfahrungen zu den einzelnen Inhaltskategorien eines Kompetenz-Portfolios. Orientieren Sie sich an den Kerninhalten, nehmen Sie Ihre erstellten Handlungsprodukte zu Hilfe (tabellarische Übersicht der Soft Skills, Stärke-Schwäche-Profil ...).

2. **Geben** Sie in der Einleitung wieder, womit Sie sich in dieser Lernsituation beschäftigt haben. Stellen Sie im Hauptteil Ihre Lernerfolge, -wege und -probleme dar. **Ziehen** Sie am Schluss ein Fazit und stecken Sie sich neue Ziele.

3. **Gestalten** Sie Ihr Portfolio leserfreundlich, indem Sie Name, Datum ... in die Kopfzeile eintragen, Ihre Gedanken in Abschnitte gliedern und mit Abschnittsüberschriften versehen.

Jour fixe (Beratungsgespräch mit Lehrkraft)

4. **Erläutern** Sie anhand des Kompetenz-Portfolios (Handlungsprodukte und Lernjournal) Ihre Entwicklung.

Inhaltskategorien für Ihr Kompetenz-Portfolio

Ihre fachliche Weiterentwicklung: *Ich bin mir meiner Stärken und Schwäche bewusst geworden. Ich stellte fest, dass ich ...*

Ihre persönlichen Erfahrungen, Erlebnisse und Einsichten: *Ich habe gemerkt, dass ich mich intensiver mit mir auseinandersetzen ...*

Ihre (Lern-)Aktivitäten bzw. Lernstrategien/Arbeitsmethoden: *Ich machte mir Randbemerkungen. Ich arbeitete strukturierter mit Tabellen ...*

Empfundene Behinderung des Lernens: *Ich habe meine Unterlagen nicht dabei gehabt. Mein Tischnachbar hat mich ständig abgelenkt ...*

Wertungen, emotionale Äußerungen: *Besonders gefallen hat mir: ... Heute war mir alles zu viel.*

Schildern Sie innere Zustände wie Irritationen, Erleichterung, Spannungserleben etc.: *Ich fühlte mich unter Druck gesetzt. Ich hatte keine Meinung zu diesem Unterrichtsfach.*

Resultierende Hoffnungen, Erwartungen, Wünsche, Vorhaben: *Jetzt bin ich gespannt, wie es weitergeht.*

(Winter 2004, S. 259)

Arbeitsplan

Kompetenzen	• Zielgruppen analysieren • Zuhörer informieren und überzeugen • Möglichkeiten der globalen Kommunikation und Informationsbeschaffung nutzen • Rahmenbedingungen beachten • Medien gezielt einsetzen
Inhalte	• Firmenporträt • Übermittlung von Informationen • Dienste des Internets • Kommunikationsmittel • Gestaltungsgrundsätze (Typografie)
Methoden/Lernstrategien	• Informationen beschaffen, strukturieren und auswerten • Referat anfertigen • Arbeit präzise planen • Vortrag halten • Eigene und fremde Präsentationen bewerten
Zeit	Ca. 30 Stunden

Warm up

Worauf kommt es bei einer überzeugenden Präsentation an?

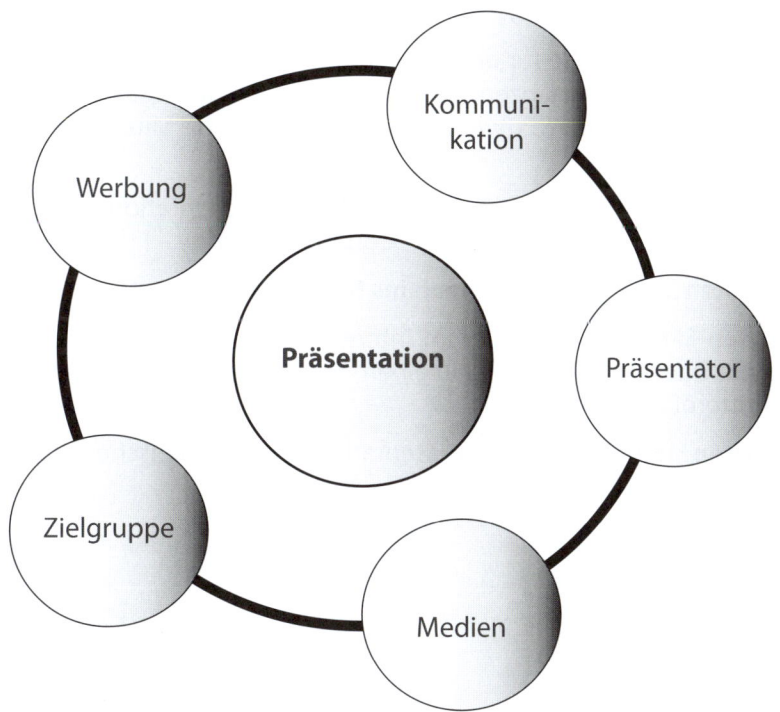

2.1 Lernaufgabe

Sie sind ein(e) neue(r) Mitarbeiter(in) im Bürobedarf Hauser & Schulte GmbH. Schon nach kurzer Zeit beauftragt Sie Frau Sabrina Hauser, für die überregionale Büromesse „Orgatec" in Köln ein Firmenporträt unter Berücksichtigung der Corporate Identity in PowerPoint zu erstellen. Die Präsentation soll ohne Vortrag als Hintergrund selbstständig immer wieder von vorne starten. Als Informationsquelle erhalten Sie von ihr ein Firmenporträt. Für Sie stellt sich jetzt die Frage: „Wie gehen Sie an die Sache heran?"

Wie interessieren Sie den Messebesucher für den Bürobedarf Hauser & Schulte GmbH?

Arbeitsauftrag

Tandem (Partnerarbeit)

1. **Informieren** Sie sich mithilfe der Informationsblätter im Präsentationsmanual über **Präsentationen planen** und **Präsentationen gestalten**.
2. **Stimmen** Sie sich ab, wer welchen Textbereich erarbeitet.
3. **Erstellen** Sie ein **MindMap** – „Eine Präsentation planen und gestalten".
4. **Bereiten** Sie sich auf ein Kurzstatement vor.

Plenum

5. **Halten** Sie Ihr Statement über „Eine Präsentation planen und gestalten".
6. **Vergleichen** Sie Ihre MindMaps – ergänzen Sie ggf.

Tandem

7. **Legen** Sie die Inhalte für das Firmenporträt fest. Verwenden Sie u. a. die Angaben von Seite 1 – ergänzen Sie Ihre Präsentation ggf. mit Angaben über besondere Stärken, positive Entwicklung bzw. qualifizierte Mitarbeiter des Unternehmens.
8. **Erstellen** Sie fünf Folien für eine PowerPoint-Präsentation mit einem einheitlichen Foliendesign (**Masterfolie** – Corporate Identity – Firmenlogo).
9. **Beachten** Sie **Das kleine Einmaleins für digitale Präsentationen**.
10. **Suchen** Sie passende Bilder im Internet und geben Sie die Quelle an. Fügen Sie die Quelle unter das Bild in einem Textfeld ein verwenden Sie eine kleinere Schriftgröße.
11. **Bereiten** Sie Ihr Ergebnis zur Präsentation vor (automatischer **Folienübergang**).

Gruppenarbeit

12. **Überprüfen** Sie gemeinsam, ob Sie die Gestaltungsregeln beachtet haben.

13. **Bereiten** Sie sich auf die Präsentation vor, indem Sie sich Notizen machen über Ihre planerische, technische sowie gestalterische Vorgehensweise.

Plenum

14. **Präsentieren** Sie Ihr Firmenporträt.

15. **Reflektieren** Sie mithilfe Ihrer MindMap, ob das Ziel, das Interesse der Messebesucher für Ihr Unternehmen zu wecken, erreicht wurde.

16. **Korrigieren** Sie ggf. Ihre Präsentation und drucken Sie Ihre Folien auf **Handzetteln** aus.

2

2.2 Lernaufgabe

Das Firmenporträt des Bürobedarfs Hauser & Schulte GmbH ist fertiggestellt. Als nächsten Schritt möchte nun Frau Hauser, dass Ihre Mitarbeiter ein überzeugendes Auftreten auf der Messe zeigen. Ein einstudierter Text ist sicherlich wichtig, aber Frau Hauser weiß, dass der Erfolg und die Nachhaltigkeit eines Vortrags von der Persönlichkeit des Vortragenden abhängt.

Die Geschäftsführerin beauftragt das Messeteam, sich intensiv mit der nonverbalen Kommunikation auseinanderzusetzen und zu diesem Thema eine Präsentation vorzubereiten, damit zu einem späteren Zeitpunkt alle Mitarbeiter des Bürobedarfs Hauser & Schulte GmbH von diesem Wissen profitieren können.

Welche persönlichen Mittel stehen Ihnen für einen überzeugenden Vortrag zur Verfügung?

Arbeitsauftrag

Einzelarbeit

1. **Informieren** Sie sich mithilfe der Informationsblätter im Präsentationsmanual über **Präsentationen durchführen** (Sei immer du selbst; Eine überzeugende Körpersprache bringt Erfolg und Ohne Lampenfieber geht es nicht).

2. **Strukturieren** Sie Ihre Informationen (MindMap, Tabelle).

Partnerarbeit

3. **Sprechen** Sie mit Ihrem Partner über die nonverbale Kommunikation und berichten Sie über Ihre bisherigen Erfahrungen.

4. **Wählen** Sie Inhalte für sechs PowerPoint-Folien plus Start- Übersichts- und Schlussfolie.

5. **Entwickeln** Sie eine ansprechende Masterfolie.

6. **Teilen** Sie sich die Präsentation zur nonverbalen Kommunikation auf (jeder drei Inhaltsfolien).

Einzelarbeit

7. **Visualisieren** Sie Ihre ausgesuchten Inhalte; gestalten Sie Ihre Präsentation überwiegend mit Bildern bzw. grafischen Elementen **(Zeichnen in PowerPoint** und **Tipps und Tricks zum Zeichnen)**.

Partnerarbeit

8. **Fügen** Sie Ihre Folien zu einer gemeinsamen Präsentation zusammen – korrigieren Sie ggf.

9. **Animieren** Sie Ihre Präsentation so, dass die Inhaltselemente entsprechend des Vortrags aktiviert werden. Überschriften werden nicht animiert **(Vorbereiten und Durchführen einer PowerPoint-Präsentation)**.

10. **Bereiten** Sie sich auf die Präsentation vor – üben Sie mehrmals Ihren Vortrag,

Plenum

11. **Erläutern** Sie mithilfe Ihrer PowerPoint-Präsentation, welche persönlichen Hilfs- mittel Sie einsetzen können, um einem Vortrag die nötige Überzeugungskraft mitzugeben.

12. **Reflektieren** Sie mithilfe des Kriterienkatalogs den Vortrag.

13. **Notieren** Sie sich die Aktionen, die Ihnen persönlich besonders gut gefallen haben.

Bewertungsraster

Überzeugen mit einer gezielten nonverbale Kommunikation

		++	+	0	–	----
Inhalt	Sinnvolle Start- und Schlussfolie					
	Aussagekräftige Folien- und Tabellenüberschriften					
	Inhalt vertiefend behandelt					
	Schlussfolie, die den Vortrag abrundet					
Gestaltung	Das Corporate Design des Bürobedarfs durchgängig berücksichtigt					
	Inhalte durch Schriftgröße, -farbe, -art und -layout unterstützt					
	Gute Aufteilung der Folie (freie Fläche – keine überfüllten Folien)					
	Folien überwiegend grafisch und kreativ gestaltet					
	Harmonische Gesamtgestaltung					
Präsentation	Überzeugender Auftritt – Empfehlungen für die nonverbale Kommunikation angewendet					
	Sicherer Auftritt vor dem Publikum – laut und deutlich gesprochen					
	Einzelne Themen mithilfe der Folie ausführlich besprochen					
	Inalte wurden präzise und einprägsam vorgestellt					
	...					

2.3 Lernaufgabe

Beim Messeauftritt auf der Orgatec finden täglich Vorträge zu der Produktpalette und den Dienstleistungen des Bürobedarf Hauser & Schulte GmbH statt. Frau Hauser ist bewusst, dass der Erfolg auf der Messe in erster Linie von den Mitarbeitern am Messestand, ihrer Einstellung und ihrer Vorbereitung abhängt. Sie möchte nicht nur Bestandskunden bewirten und Visitenkarten sammeln, sondern auch Neukunden, Anbahnungen und Aufträge erlangen. Sie sollen nun diese Messepräsenz organisieren mithilfe der im Bürobedarf Hauser & Schulte GmbH vorliegenden Checkliste.

Wie präsentieren Sie nachhaltig und einprägsam?

Arbeitsauftrag

Partnerarbeit

1. **Analysieren** Sie die nachfolgende Checkliste für Messen und Ausstellungen, inwieweit Sie die genannten Punkte während des Vortrags umsetzen können und bestimmen Sie Ihre Zielgruppe.

2. **Wählen** Sie neben der PowerPoint-Präsentation zwei weitere Marketinginstrumente, mit denen Sie Kunden nach dem Vortrag gewinnen können.

3. **Entscheiden** Sie sich für eine Masterfolie (Corporate Design Hauser & Schulte GmbH) aus Ihrer vorangegangenen Firmenpräsentation.

4. **Erstellen** Sie zunächst die PowerPoint-Präsentation mit vier Produkten/Dienstleistungen. Die Folien zu den Produkt/Dienstleistungen sollen unterschiedlich grafisch gestaltet sein. Verwenden Sie **Tabellen**, ein **Organigramm**, **Visuelle Darstellungen** bzw. **Diagramme**.

5. **Teilen** Sie sich die Arbeit auf – jeder erstellt max. zwei Folien für ein Produkt bzw. Dienstleistung.

Einzelarbeit

6. **Erstellen** Sie einprägsame und grafisch gut gestaltete Folien (siehe Beurteilungsbogen).

7. **Präsentieren** Sie professionell, indem Sie direkt in PowerPoint **Vortragsnotizen** zu den beiden Folien erstellen.

Partnerarbeit

8. **Fügen** Sie die Folien in eine gemeinsame Präsentation ein.

9. **Präsentieren** Sie Ihren Gruppenmitgliedern Ihre beiden Folien; verbessern Sie ggf.

10. **Gestalten** Sie Einstiegsfolie, Inhaltsübersicht und Schlussfolie gemeinsam.

11. **Erstellen** Sie die beiden anderen Marketinginstrumente zur Kundengewinnung.

12. **Üben** Sie den Ablauf des Vortrags ein **(Präsentationen vorbereiten** und **Präsentationen nachbereiten)**.

Plenum

13. **Führen** Sie den Workshop durch.

14. **Reflektieren** Sie anhand des Beurteilungsbogens die Produktpräsentation.

15. **Beurteilen** Sie, ob die Marketinginstrumente neue Aufträge, Termine und Kundenanbahnungen erwarten lassen.

16. **Korrigieren** Sie ggf. Ihre Präsentation und **drucken** Sie Ihre Folien auf **Handzetteln** aus. **Heften** Sie sie anschließend in Ihrer Produktsammlung ab.

Kundenbindung am Messestand

Checkliste für Messen und Ausstellungen	Verant-wortlich	Termine
Was wollen wir mit unserer Messeteilnahme oder unserem Messestand erreichen? **Mögliche Ziele:** • Verkaufen auf der Messe (in aller Regel bei Produkten und Dienstleistungen, die kostenintensiv bzw. stark erklärungsbedürftig sind) • Bekanntmachung der Angebots- und/oder Dienstleistungspalette (Prospekte, Plakate, Informationstheken – Pinnwand, Abgabe von Informationsmaterial „Flyer" durch Promotionsteams, Shows, Seminar- und Fachveranstaltungsbeteiligung) • Bekanntmachung des Unternehmens • Erschließung neuer Kundenkontakte (Kontaktbogen) • Vertiefung der alten Kontakte: z. B. Informieren über Neuigkeiten im Unternehmen • Markt- und Konkurrenzbeobachtung • Erkennen der Marktanforderungen an Produkt und Unternehmen • Erschließung neuer Zuliefererkontakte • Imagepflege • Pflege und Ausbau von Pressekontakten • Gewinnen von Anregungen für die eigene Produkt-/Leistungspolitik		

Bewertungsraster

Workshop am Messestand des Bürobedarfes Hauser & Schulte GmbH

		++	+	0	–	---
Präsentation	Publikum fühlt sich angesprochen – Zielgruppenanalyse umgesetzt					
	Überzeugender Auftritt – Blickkontakt zum Publikum gehalten					
	Korrekter Auftritt vor dem Publikum (Z. B. Hände in Bauchhöhe und nicht in die Tasche stecken)					
	Sicherer Auftritt vor dem Publikum – laut und deutlich gesprochen					
	Folieninhalt nicht wörtlich wiedergegeben, sondern Notizzettel genutzt					
Inhalt	Inhalte wurden präzise und einprägsam vorgestellt					
	Umfangreiche Produktbeschreibung – Kaufinteresse geweckt					
	Einleitung, Inhaltsverzeichnis, Abschluss					
	Kundenbindung durch gezielte Maßnahmen erreicht					
	Aussagekräftige Folien- und Tabellenüberschriften					
	Fehlerfreie Rechtschreibung					
Gestaltung	Blickfang durch Bilder (Eyecatcher)					
	Das Corporate Design des Bürobedarfs durchgängig berücksichtigt					
	Gute Strukturierung durch Tabelle, Diagramm, Organigramm und AutoFormen/Zeichnen					
	Inhalte durch Schriftgröße, -farbe, -art und -layout unterstützt					
	Gute Aufteilung der Folie (freie Fläche – keine überfüllten Folien)					
Marketing-instrumente	Sinnvolle, originelle Auswahl der Instrumente					
	Kundeninformationen gewonnen – anschließende Kundenpflege möglich					
	Bestehende Kundenkontakte intensiviert					

2.4   Lernaufgabe

Im nächsten Monat möchte Bürobedarf Hauser & Schulte GmbH eine möglichst effektive Werbekampagne für eines ihrer Produkte durchführen. Frau Hauser beauftragt Ihre Abteilung, sich über gezielte Maßnahmen zu informieren und am nächsten Meeting der Geschäftsführung einen begründeten Vorschlag überzeugend vorzustellen.

Welche Werbekampagnen eignen sich, um den Umsatz des Bürobedarfs Hauser & Schulte GmbH zu steigern?

Arbeitsauftrag

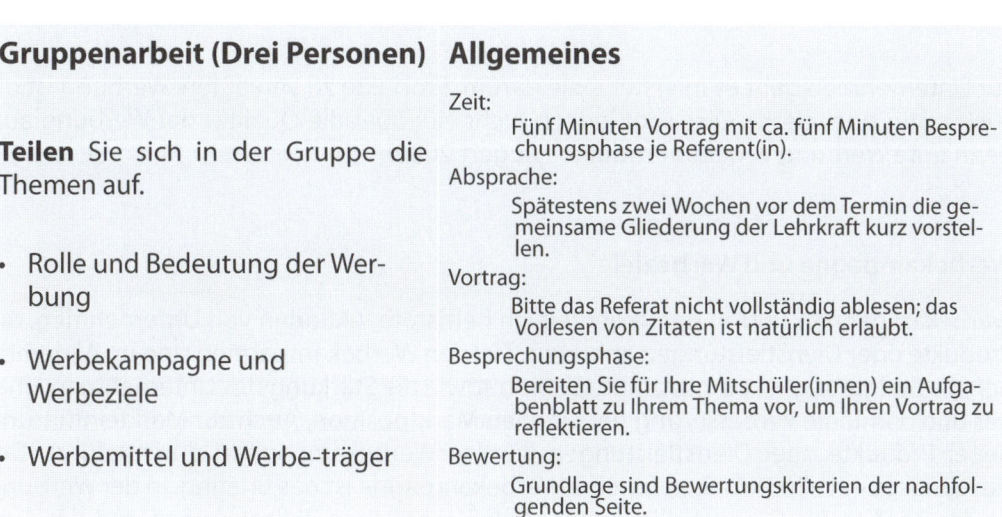

Gruppenarbeit (Drei Personen)	Allgemeines

Teilen Sie sich in der Gruppe die Themen auf.
 	
• Rolle und Bedeutung der Werbung
 	
• Werbekampagne und Werbeziele
 	
• Werbemittel und Werbe-träger
	Zeit:
	   Fünf Minuten Vortrag mit ca. fünf Minuten Besprechungsphase je Referent(in).
	Absprache:
	   Spätestens zwei Wochen vor dem Termin die gemeinsame Gliederung der Lehrkraft kurz vorstellen.
	Vortrag:
	   Bitte das Referat nicht vollständig ablesen; das Vorlesen von Zitaten ist natürlich erlaubt.
	Besprechungsphase:
	   Bereiten Sie für Ihre Mitschüler(innen) ein Aufgabenblatt zu Ihrem Thema vor, um Ihren Vortrag zu reflektieren.
	Bewertung:
	   Grundlage sind Bewertungskriterien der nachfolgenden Seite.

Einzelarbeit

1. **Informieren** Sie sich zum Thema **Grundsätzliches zum Referat**.

2. **Besorgen** Sie sich zusätzliches Informationsmaterial zu Ihrem Thema (Fachbuch, Internet).

3. **Erstellen** Sie ein Referat über Ihr ausgesuchtes Thema. Zitieren Sie Ihre Quellen in einer Fußnote – veranschaulichen Sie Ihre Ausführungen mit Medien.

Gruppenarbeit

4. **Stellen** Sie die Referate zu einem gemeinsamen Dokument zusammen.

5. **Finden** Sie eine gemeinsame Einleitung und überlegen Sie sich eine Werbekampagne für einen Artikel Ihres Unternehmens, die Sie in Ihrem Schlusswort begründet vorstellen.

6. **Erstellen** Sie zur Unterstützung Ihres Vortrages einen Programmablauf (Pinnwand/Flipchart/Plakat).

7. **Bereiten** Sie sich auf die Präsentation vor. Wählen Sie Sprecher für die Einleitung und das Schlusswort – ansonsten stellt jeder seine eigene Ausarbeitung vor.

Plenum

8. **Präsentieren** Sie Ihr gemeinsames Referat und reflektieren Sie anschließend mithilfe des Bewertungsrasters Ihr Referat **(Präsentationen nachbereiten)**.

Werbung

Rolle und Bedeutung von Werbung

Werbung begegnet uns ständig im Leben, beim Fernsehen, Zeitunglesen oder Busfahren. Doch was ist Werbung? Philip Kotler/Friedhelm Bliemel definieren Werbung folgendermaßen: „Die Werbung ist eines der Instrumente der absatzfördernden Kommunikation. Durch Werbung versuchen die Unternehmen, ihre Zielkunden und andere Gruppen wirkungsvoll anzusprechen und zu beeinflussen. Zur Werbung gehört jede Art der nicht persönlichen Vorstellung und Förderung von Ideen, Waren oder Dienstleistungen eines eindeutig identifizierten Auftraggebers durch den Einsatz bezahlter Medien." Karl Christian Behrens sieht Werbung als „eine absichtliche und zwangsfreie Form der Beeinflussung, welche die Menschen zur Erfüllung der Werbeziele veranlassen soll.

Für Unternehmen geht es in erster Linie darum, Produkte zu verkaufen. Werbung ist oft auch lustig oder clever. Dies sagt jedoch nicht viel über die Qualität der Werbung aus, denn gute Werbung verkauft Produkte" (Lugert 2008).

Werbekampagne und Werbeziele

Werbekampagnen sind, in der Regel zeitlich befristete, Aktionen von Unternehmen, die Produkte oder Dienstleistungen anbieten. Ziel von Werbekampagnen sind im Allgemeinen die Steigerung von Umsatz und Gewinn sowie die Stärkung des Unternehmensimages und damit die Verbesserung der eigenen Marktposition. Auch zur Markteinführung neuer Produkte oder Dienstleistungen werden Werbekampagnen durchgeführt. Der Ausgangspunkt aller Arbeiten für eine Werbekampagne ist das Briefing. In der Werbung ist das Briefing die Schnittstelle zwischen den möglichen Zielsetzungen und der Ausführung, damit die Werbekonzeption nicht isoliert entwickelt wird. Wichtigste Werbeziele der Zukunft sind Kundenbindung sowie Vertrauen und Glaubwürdigkeit.

Werbemittel

Das Werbemittel ist eine durchdachte Kombination aus werbewirksamen Elementen wie Text, Bild, Ton, Video, Bewegung oder Grafik. Durch deren professionelle Gestaltung und Komposition zu einem überzeugenden Zusammenspiel soll die gewünschte Werbewirkung hervorgerufen werden.

Werbeträger

Es gibt ein sehr großes Angebot an Werbeträgern (Zeitschriften, E-Mail-Werbung, Internetbanner). Den Unternehmen stehen damit viele Wege offen, mit ihren Zielgruppen zu kommunizieren und für ihre Produkte zu werben. Die Herausforderung für ein werbetreibendes Unternehmen besteht darin, die für die Werbung vorgesehenen Finanzmittel in der Weise auf die Werbeträger zu verteilen, dass eine maximale Werbewirkung erzielt wird.

Bewertungsraster zur Präsentation des Referates

Werbekampagne für Bürobedarf Hauser & Schulte GmbH

	(Leistung je Schwerpunkt individuell gewichten)	Punkte gesamt
Präsentation	Das Publikum fühlte sich angesprochen – Zielgruppenanalyse umgesetzt	25/
	Der Auftritt wirkte überzeugend – z. B. aufrechte Körperhaltung	
	Der Vortrag wurde verständlich dargeboten	
	Referat wurde nicht wörtlich wiedergegeben, sondern Stichworte genutzt	
	Die zusätzlich genutzten Medien wurden harmonisch eingebunden	
	…	
Inhalt	Die Inhalte wurden präzise und einprägsam vorgestellt	25/
	Der Referatsabschnitt wurde in Einleitung, Hauptteil, Schluss gegliedert	
	Es wurde ein verständlicher Ausdruck gebraucht	
	Die Werbekampagne erscheint umsetzbar	
	Das Aufgabenblatt machte den Vortrag transparent	
	Das Aufgabenblatt erhöhte die Nachhaltigkeit der Zuhörer	
	…	
Gestaltung	Referat wurde durch anschauliche Medien unterstützt	25/
	Programmablauf wurde übersichtlich dargestellt	
	Publikum wurde aktiviert – z. B. Murmelpause	
	Aufgabenblatt wurde übersichtlich formatiert	
	…	
Das gemeinsame Referat	Die Einleitung führte zum Thema hin	25/
	Die Einzelteile des Referates fügten sich harmonisch zusammen	Gesamt: 100/
	Der Referatsabschluss wies eine sinnvolle Werbekampagne auf	
	…	

2

2.5   Kompetenz-Portfolio

Die zweite Lernsituation ist abgeschlossen und nun möchten Sie in Ihrem persönlichen Kompetenz-Portfolio (Handlungsprodukte und Lernjournal) Ihre derzeitigen Kompetenzfelder (Selbstkompetenz und Präsentationskompetenz ...) reflektieren. Dazu setzen Sie sich erneut mit den Kerninhalten

>   Präsentationen vorbereiten – planen – durchführen – nachbereiten
>   Die Chance der nonverbalen Kommunikation nutzen
>   Meinen Vortrag nachhaltig gestalten

der zweiten Lernsituation auseinander.

Wie überzeugen Sie in einem Fachvortrag?

Arbeitsauftrag

Einzelarbeit

1. **Äußern** Sie sich aus den in der vergangenen Lernsituation gemachten Erfahrungen zu den einzelnen Inhaltskategorien eines Kompetenz-Portfolios. Orientieren Sie sich an den Kerninhalten, nehmen Sie Ihre erstellten Handlungsprodukte zu Hilfe (Messepräsentationen, Handouts, Marketinginstrumente ...).

2. **Geben** Sie in der Einleitung wieder, womit Sie sich in dieser Lernsituation beschäftigt haben. Stellen Sie im Hauptteil Ihre Lernerfolge, -wege und -probleme dar. Ziehen Sie am Schluss ein Fazit und stecken Sie sich neue Ziele.

3. **Gestalten** Sie Ihr Portfolio leserfreundlich, indem Sie Name, Datum ... in die Kopfzeile eintragen, Ihre Gedanken in Abschnitte gliedern und mit Abschnittsüberschriften versehen.

Jour fixe (Beratungsgespräch mit Lehrkraft)

4. **Erläutern** Sie anhand des Kompetenz-Portfolios (Handlungsprodukte und Lernjournal) Ihre Entwicklung.

Inhaltskategorien für Ihr Kompetenz-Portfolio

Ihre fachliche Weiterentwicklung: *Ich habe meine Präsentationen anschaulicher gestaltet, indem ich ...*

Ihre persönlichen Erfahrungen, Erlebnisse und Einsichten: *Ich habe gemerkt, dass ich mich gut auf die Präsentationen vorbereiten muss ...*

Ihre (Lern-)Aktivitäten bzw. Lernstrategien/Arbeitsmethoden: *Ich machte mir kleine Notizzettel. Ich übe die Präsentationen ein ...*

Empfundene Behinderung des Lernens: *Ich habe mir zu viel Zeit gelassen ...*

Wertungen, emotionale Äußerungen: *Besonders gefallen hat mir: ... Heute war mir alles zu viel.*

Schildern Sie innere Zustände wie Irritationen, Erleichterung, Spannungserleben etc.: *Ich war sehr aufgeregt ...*

Resultierende Hoffnungen, Erwartungen, Wünsche, Vorhaben: *Jetzt hoffe, dass ich durch weitere Präsentationen sicherer werde ...*

(Winter 2004, S. 259)

Arbeitsplan

Kompetenzen	• Kommunikationsprozesse planen, organisieren und durchführen • Gesprächsergebnisse dokumentieren • Kreativitätstechniken anwenden • Rahmenbedingungen beachten • Medien gezielt einsetzen
Inhalte	• Gesprächs- und Verhaltensregeln • Stimmungsbilder • Mitarbeiterschulung • Problemlösemoderation • Bewerbungsgespräch
Methoden/Lernstrategien	• Informationen strukturieren • Informationen visualisieren • Moderation planen • Eigene und fremde Moderationen bewerten
Zeit	• Ca. 28 Stunden

Warm up

Moderieren, aber wie?

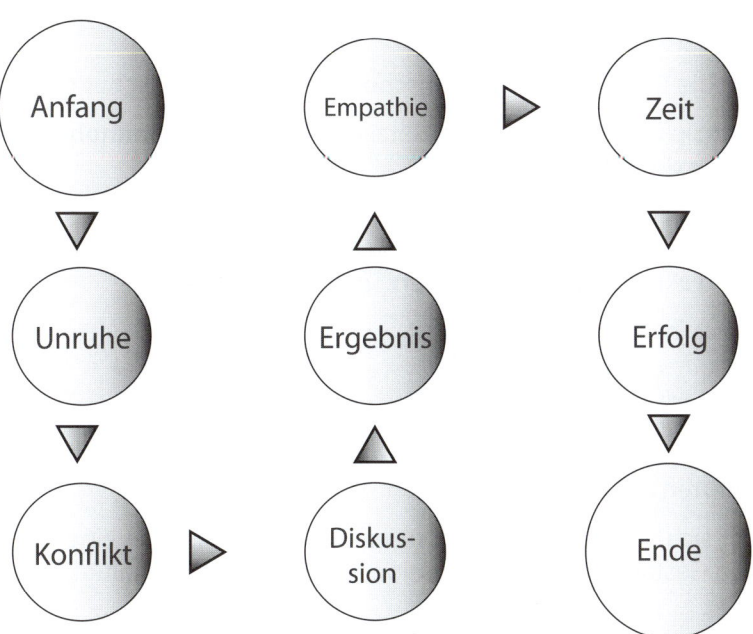

3

3.1 Lernaufgabe

Herr Schulte möchte, dass seine Mitarbeiter(innen) kompetenter telefonieren. Daher beauftragt er Sie, eine Mitarbeiterschulung vorzubereiten und zu moderieren, die das Kommunikationsverhalten am Telefon nachhaltig verbessert. Der freundliche und sensible Umgang mit Kunden, Lieferanten und Kollegen soll im Mittelpunkt der Schulung stehen. Die Mitarbeiter von Bürobedarf Hauser & Schulte GmbH sollen ihre Gesprächspartner professionell und kompetent beraten und betreuen. Die Mitarbeiter sollen Strategien einsetzen, um ihren Gesprächspartner für sich und für das Unternehmen zu gewinnen.

Wie führen Sie die Mitarbeiterschulung „Kompetent telefonieren"
durch, damit die Mitarbeiter ihr Verhalten nachhaltig verbessern?

Arbeitsauftrag

Einzelarbeit

1. **Informieren** Sie sich mithilfe des Informationsblattes bzw. recherchieren Sie im Internet über das Thema „Kundenorientiertes Verhalten am Telefon".

2. **Strukturieren** Sie Ihre Informationen mit mindestens vier Schwerpunkten und den dazugehörigen Teilinformationen (MindMap).

Tandem

3. **Vergleichen** Sie Ihre Ergebnisse und entwickeln Sie gemeinsame Inhalte für ein Schulungsprogramm.

4. **Führen** Sie zunächst eine **Zielgruppenanalyse** durch.

5. **Erstellen** Sie eine PowerPoint-Präsentation mit dem Corporate Design des Bürobedarfes Hauser & Schulte GmbH. Visualisieren Sie statt mit Aufzählungen vermehrt mit grafischen Elementen. Die entsprechenden Funktionen finden Sie unter **PowerPoint-Präsentationen gestalten**.

6. **Binden** Sie die Teilnehmer mit praktischen Übungen in die Schulung mit ein.

7. **Entwickeln** Sie für Ihre Schulung zusätzlich ein Handout **(Teilnehmerunterlagen erhöhen die Nachhaltigkeit)**.

8. **Bereiten** Sie sich auf Ihre Mitarbeiterschulung vor, teilen Sie sich die Aufgaben – beachten Sie dabei, dass Sie das Publikum zwischendurch durch gezielte Maßnahmen aktivieren **(So aktivieren Sie Ihr Publikum!)**.

9. **Erstellen** Sie einen **Ablaufplan**.

Plenum

10. **Führen** Sie Ihre Mitarbeiterschulung durch – begründen Sie anschließend Ihre durchgeführten Maßnahmen.

11. **Lassen** Sie sich von den Teilnehmern ein Feedback in Form eines Blitzlichtes hinsichtlich Gestaltung von Präsentation, Vortrag und Nachhaltigkeit geben.

Kundenorientiertes Verhalten am Telefon

Online Focus berichtet, dass etwa siebzig Prozent der betrieblichen Kommunikation werden übers Telefon abgewickelt. In jedem Callcenter werden Mitarbeiter speziell auf Höflichkeit und das berühmte „Lächeln in der Stimme" geschult. Mit gutem Grund: Weil mehr als die Hälfte der menschlichen Kommunikation nicht über die Worte abläuft, sondern über die nonverbale Kommunikation „Bodytalk". Ihre Stimme und die richtige Wortwahl müssen Mimik und Gestik ersetzen. In jedem Betrieb gibt es bestimmte Formen, wie man sich bei einem Anruf meldet. Normalerweise werden der Firmenname und der eigene Name genannt – das macht ein Gespräch selbst in der Reklamationsabteilung gleich viel freundlicher. Aber es gibt noch mehr zu beachten:

Die Stimme ist Teil der Körpersprache. Ihre Stimme und Ihr Tonfall verraten, ob Sie gerade sitzen und aufmerksam zuhören, ob Sie mit den Füßen auf dem Tisch im Sessel hängen, ob Sie lügen oder die Wahrheit sagen, ob Sie hart zu Ihrer Aussage stehen oder kompromissbereit sind. Lächeln Sie auch am Telefon: Ihr Gesprächspartner erkennt das unbewusst am Klang der Stimme. Lächeln entspannt wie herzhaftes Gähnen die untere Gesichtshälfte und verbessert so Ihre Aussprache! Sie helfen sich selbst, noch freundlicher zu sein. Grüßen Sie freundlich, denn die ersten vier Sekunden entscheiden. Sprechen Sie den Partner immer wieder mit Namen an. Beginnen Sie eine längere telefonische Verhandlung immer mit etwas Smalltalk, um ein Mindestmaß an „Kalibrierung" zu ermöglichen. Sie stellen (in der Regel völlig unbewusst) fest, wie die Stimme des Verhandlungspartners klingt, solange er entspannt ist. Sie gewinnen daraus eine Art unbewussten „Prüfstein" für Gesprächssituationen, in denen Anspannung, Zorn, Lügen usw. die Stimme des Gesprächspartners verändern.

Bei Auslandstelefonaten ist die Zeitverschiebung zu beachten. Anrufe bei Behörden werden am besten in der Zeit von acht bis zehn Uhr und von vierzehn bis sechzehn Uhr erledigt. Legen Sie die entsprechenden Unterlagen bereit und notieren Sie sich stichpunktartig, was Sie sagen wollen. Holen Sie ggf. zweckdienliche Informationen über den Gesprächspartner ein.

Fassen Sie sich kurz und sprechen Sie einfach (z. B. „einfach" statt „unkompliziert" oder „Frage" statt „Fragestellung" ...). Sprechen Sie deutlich, verschlucken Sie keine Wortendungen, sprechen Sie in vollständigen Sätzen. Benutzen Sie schriftliche Notizen und stellen Sie Fragen. Wer fragt, führt das Gespräch. Mit geschickten Fragen aktivieren wir den Gesprächspartner. Am besten geeignet sind offene Fragen, also Fragen, die nicht mit „ja" oder „nein" zu beantworten sind, sondern ausführliche Antworten erfordern. In vielen Fällen können Sie auch schon vor dem Telefonat die wichtigsten Fragen überlegen und sie in eine logische Reihenfolge bringen. Sie können Frageprioritäten setzen, zuerst die Grundlageninformationen, dann die Details.

Schließen Sie das Gespräch ab, indem Sie nochmals die Gesprächspunkte zusammenfassen und die weitere Vorgehensweise abklären. Dokumentieren Sie das Vereinbarte in einer Telefonnotiz. (vgl. Saxer 2008)

Bewertungsraster

Mitarbeiterschulung „Kundenorientiert telefonieren"

	(Leistung je Schwerpunkt individuell gewichten)	Punkte gesamt
Präsentation	Die Teilnehmer fühlten sich angesprochen – Zielgruppenanalyse umgesetzt	30/
	Der Auftritt wurde überzeugend durch Gestik unterstützt	
	Die Thematik wurde sicher beherrscht	
	PowerPoint-Präsentation unterstützte sinnvoll die Schulung	
Inhalt	Inhalte wurden präzise und einprägsam vorgestellt	30/
	Der Vortrag war in Einleitung, Hauptteil und Schluss gegliedert	
	Ein logischer Aufbau des Telefongespräches wurde vorgestellt	
	Schwerpunkte für Kundenzufriedenheit wurden erarbeitet	
	PowerPoint-Folien waren grafisch übersichtlich aufbereitet	
Gestaltung der Schulung	Action Items wurden lückenlos abgearbeitet	20/
	Die Teilnehmer erhielten aktive Übungsbeispiele	
	Fließende Übergänge wurden für die einzelnen Phasen erreicht	
	Moderator erreichte eine angenehme Schulungsatmosphäre	
Das gemeinsame Referat	Das Handout ist für die Teilnehmer informativ	20/
	Das Handout ist klar strukturiert	Gesamt:
	Das Handout wurde an geeigneter Stelle visualisiert	100/

3.2 Lernaufgabe

Die Geschäftsleitung möchte die Bedürfnisse ihrer Kunden besser befriedigen und damit ihren Unternehmenserfolg steigern. Dies geschieht vor allen Dingen durch eine hohe Mitarbeiterzufriedenheit. Da die Mitarbeiter Experten sind, wenn es um die Stärken und Schwächen des Unternehmens geht, wird in der morgigen Betriebsratssitzung als einziger Besprechungspunkt auf der Tagesordnung „Förderung der Mitarbeiterzufriedenheit" stehen. Herr Mayer, Betriebsratsvorsitzender, ist morgen wegen eines Außentermins verhindert und bittet Sie und eine Ihrer Kolleginnen, die Sitzung durchzuführen. Zunächst sollen Sie von allen Beteiligten Vorschläge sammeln. Als Ergebnis sollen Sie ihm drei Vorschläge schriftlich vorlegen, die dann in dem nächsten Meeting der Geschäftsleitung vorgestellt, abgestimmt und zeitnah durchgeführt werden. Für Sie stellt sich nun zunächst das Problem: Wie bereiten Sie sich auf den morgigen Tag vor?

Wie erlangen Sie innerhalb einer Betriebsratssitzung effektiv ein gemeinsames Ergebnis zu Maßnahmen für die Mitarbeiterzufriedenheit?

Arbeitsauftrag

Einzelarbeit

1. **Informieren** Sie sich mithilfe des Informationsblattes bzw. recherchieren Sie im Internet über das Thema „Mitarbeiterzufriedenheit".

2. **Strukturieren** Sie Ihre Informationen (MindMap), damit Sie genügend Hintergrundwissen für Ihre Moderation bzw. als Teilnehmer(in) bekommen.

Tandem

3. **Vergleichen** Sie Ihre Ergebnisse und entwickeln Sie einen Fragenkatalog, um die Teilnehmer(innen) gezielt zu Problemlösungen für die Mitarbeiterzufriedenheit heranzuführen.

4. **Informieren** Sie sich über die **professionelle Moderation**. Erstellen Sie einen Moderationsplan mit Ziel, Methodik, Hilfsmitteln usw. und wer welchen Moderationspart übernimmt.

5. **Beachten** Sie die Maßnahmen zur organisatorischen und persönlichen Vorbereitung.

6. **Bereiten** Sie sich für Ihre Moderation vor, teilen Sie sich die Aufgaben – beachten Sie dabei, dass Sie nur für den methodischen Ablauf der Moderation zuständig sind; den inhaltlichen Part übernehmen die Teilnehmer(innen).

Plenum

7. **Führen** Sie die Betriebsratssitzung durch – fassen Sie Ergebnisse am Ende der Veranstaltung schriftlich (Flipchart, Plakat, ...) zusammen, um mit diesen in das Meeting der Geschäftsleitung zu gehen.

8. **Lassen** Sie sich von den Teilnehmern in Form eines Stimmungsbarometers ein Feedback geben.

Einzelarbeit

9. **Erstellen** Sie ein Protokoll über die Betriebsratssitzung.

3

Mitarbeiter sind das größte Potenzial des Unternehmens

Mitarbeiterzufriedenheit ist ein Maß zur Beurteilung der Befindlichkeit der Mitarbeiter und Führungskräfte in einem Unternehmen. Sie entscheidet wesentlich über den Erfolg eines Unternehmens und über dessen Zukunftsfähigkeit. Die Mitarbeiterzufriedenheit hat direkte Auswirkungen auf die Mitarbeiterfluktuation und den Gesundheitszustand der Mitarbeiter und dadurch auf die Fehlzeiten.

Gemessen wird Mitarbeiterzufriedenheit unter anderem durch Mitarbeiterbefragung und 360-Grad-Feedback oder indirekt über die Messgrößen: Mitarbeiterfluktuation, Kündigungsrate, Krankenstand, Fehltage, Fehlerrate. Sie ist auch abzulesen an der Unternehmenskultur, dem Kommunikations- und Führungsstil, und natürlich am Unternehmenserfolg.

Die Zufriedenheit der Mitarbeiter steigt, wenn sie von den Führungskräften geachtet werden und wenn sie mitbestimmen dürfen. Sie ist abhängig vom Umgangston, der Arbeitsplatzsicherheit, dem Gehalt, den Entwicklungsmöglichkeiten, den Freiheiten und Verantwortungsbereichen, vom Führungsstil, dem persönlichen und unternehmerischen Erfolg, dem Ansehen des Unternehmens in der Öffentlichkeit und vielem mehr (Otte 2007).

Die Gründe für die Unzufriedenheit sind vielfältig. Zum einen liegt es an der Beziehung zu den Führungskräften, an den Rahmenbedingungen in der Arbeit und in der persönlichen Situation wie nicht erfüllte Einkommensvorstellungen oder Work-Life-Balance. Daher sind immer mehr Arbeitgeber bemüht, ihre Mitarbeiter zu fördern und zu motivieren, ein positives Arbeitsklima zu schaffen und die Mitarbeiter mit abwechslungsreichen Aufgaben zu betrauen. Schließlich hängt die Mitarbeiterzufriedenheit direkt mit der Wechselwilligkeit der Mitarbeiter zusammen und bestimmt die Höhe der Fluktuationsrate.

> ### Meinungsumfragen „Meinungs- und Businessportal JOBvoting.de"
>
> Die Mitarbeiterzufriedenheit der Arbeitnehmer in Deutschland ist vorrangig von der Höhe des Gehalts abhängig. Dies ergab eine in den Monaten Mai bis Juli 2007 unter den Lesern des Meinungs- und Businessportals JOBvoting.de durchgeführte Umfrage. Demnach machen einundvierzig Prozent der Arbeitnehmer ihre Begeisterung für die Arbeit vorrangig davon abhängig, welche Summe der Gehaltsscheck am Ende des Monats aufweist.
>
> Weitere Steuerungsinstrumente der Arbeitgeber zur Steigerung der Mitarbeiterzufriedenheit sind eine arbeitnehmerfreundliche Ausgestaltung der Arbeitszeiten (fünfzehn Prozent) und das im Unternehmen herrschende Betriebsklima (sechsundzwanzig Prozent). Letzteres ist allerdings selbst eine nur indirekt und schwer zu beeinflussende Größe und steht in Wechselwirkung zur Mitarbeiterzufriedenheit.
>
> Weitere Faktoren, die allerdings im Vergleich zu den drei zuvor genannten Steuerungsgrößen nur eine untergeordnete Rolle spielen, sind das Verhältnis zu den Vorgesetzten (zwei Prozent), die zugeteilten Aufgabenbereiche (vier Prozent), die eigene Position in der Unternehmenshierarchie (zwei Prozent), die Vermeidung von Arbeitsdruck (zwei Prozent) und die Möglichkeit für ein eigenverantwortliches Arbeiten (6 Prozent).

3.3 Lernaufgabe

Ihre Kollegin und Sie werden zu dem Meeting der Geschäftsleitung am Montag, um fünfzehn Uhr eingeladen. Das Protokoll und die Ergebnisse liegen bereit, aber trotzdem möchten Sie sich kurz vorher noch einmal vorbereiten, damit die Argumente präzise vorgetragen werden können, da mindestens ein Vorschlag nicht so ganz arbeitgeberfreundlich ist.

Wie überzeugen Sie die Geschäftsleitung über die entwickelten Maßnahmen in der Betriebsratssitzung für die Mitarbeiterzufriedenheit?

Arbeitsauftrag

Gruppenarbeit (Viererteam)

1. **Entwerfen** Sie Rollenkarten einerseits aus der Sicht der Geschäftsleitung, und anderseits aus der Sicht des Betriebsrates, um die Mitarbeiterzufriedenheit zu fördern.

2. **Suchen** Sie gute Argumente, um weniger attraktive Vorschläge trotzdem bei der Geschäftsleitung durchzusetzen, aber auch anderseits aus Sicht der Geschäftsleitung gegenzuhalten.

3. **Üben** Sie Ihre Rollen ein. Jeder sollte einmal in der Rolle der Geschäftsleitung und eines Betriebsratsmitgliedes sein – benutzen Sie Rollenkarten.

4. **Entwerfen** Sie einen Beobachtungsbogen für die Nichtbeteiligten des Rollenspiels.

5. **Entscheiden** Sie sich, wer welche Rolle übernimmt.

Plenum

6. **Führen** Sie das Meeting durch.

7. **Beobachten** Sie als Nichtbeteiligte des Meetings mithilfe des Beobachtungsbogens die Beteiligten des Meetings.

8. **Geben** Sie den Beteiligten des Meetings mithilfe des Beobachtungsbogens ein Feedback – sagen Sie vor allen Dingen Ihre Meinung, ob Sie mit dem Ergebnis einverstanden sind.

Einzelarbeit

9. **Erstellen** Sie für Ihre Unterlagen eine Selbstreflexion, indem Sie folgende Fragen beantworten:

   • Ist die Zielsetzung erreicht?
   • Bin ich mit dem Ergebnis zufrieden?
   • Bin ich mit dem Verlauf zufrieden?
   • War meine Vorbereitung gut genug?

3

3.4 Lernaufgabe

Bürobedarf Hauser & Schulte GmbH sucht eine(n) Leiter(in) für das Personalbüro. Frau Hauser hat bereits zwei Bewerber(innen) in engere Wahl gezogen und bittet Sie nun, das Einstellungsgespräch zu führen. Ihnen liegen von den Bewerbern/Bewerberinnen folgende Informationen vor:

1. Manfred Hauer

Neunundzwanzig Jahre, ledig; Fachschulreife an einer Berufsfachschule Wirtschaft, Ausbildung zum Groß- und Außenhandelskaufmann bei Müller GmbH, Koblenz; dann zwei Jahre Bundeswehr, dann vier Jahre in verschiedenen Abteilungen der Müller GmbH tätig – ein Jahr davon in der Filiale in Luxemburg; gute Arbeitszeugnisse.

2. Jennifer Freimann

Fünfunddreizig Jahre, verheiratet, zwei Kinder; Fachhochschulreife am Gymnasium (zwölfte Klasse), Ausbildung zur Bürokauffrau, drei Jahre in der Personalabteilung der Meier & Sohn GmbH in Trier, sechs Jahre Erziehungsurlaub, seit zwei Jahren wieder in der Personalabteilung bei Meier & Sohn GmbH, gute Schul- und Arbeitszeugnisse; sucht neue Herausforderung.

Wie führen Sie ein Bewerbungsgespräch, um optimale Mitarbeiter/-innen für Ihr Unternehmen Bürobedarf Hauser & Schulte GmbH herauszufinden?

Arbeitsauftrag

Einzelarbeit

1. **Informieren** Sie sich auf den nachfolgenden Seiten über mögliche Fragen eines Bewerbungsgespräches.

2. **Suchen** Sie Antworten auf diese Fragen, die den oben genannten Lebensläufen entsprechen könnten.

Gruppenarbeit (Dreierteam)

3. **Führen** Sie ein Bewerbungsgespräch durch (Bewerber – Personaler – Beobachter).

4. **Besprechen** Sie den Ablauf – optimieren Sie die schwächeren Passagen.

Plenum (Zufallsgruppen nach Losverfahren)

5. **Inszenieren** Sie für die beiden Kandidaten die Bewerbungsgespräche.

6. **Entscheiden** Sie (das Plenum) sich für einen Bewerber – begründen Sie Ihre Auswahl.

7. **Wiederholen** Sie das ganze Verfahren mit einer anderen Zufallsgruppe.

Einzelarbeit

8. **Dokumentieren** Sie Ihre Stärken und Schwächen während eines Bewerbungsgespräches.

Mögliche Fragen für das Bewerbungsgespräch

3

Überprüfung der Leistungsmotivation

- Was erwarten Sie von unserem Unternehmen?
- Was ist das Besondere an unserem Unternehmen?
- Was wissen Sie über unser Unternehmen?
- Was interessiert Sie wirklich?
- Wie sieht Ihr erster Arbeitstag bei uns aus?
- Wie viele Fehltage sind Ihrer Meinung nach vertretbar?
- Was wollen Sie binnen fünf Jahren erreichen?
- Würden Sie sich selbst einstellen?
- Was halten Sie von Selbstständigkeit?
- Was tun Sie, wenn Sie die Stelle nicht bekommen?
- Was brauchen Sie, um beruflich erfolgreich zu sein?

Überprüfung der Qualität der Vorbereitung

- Gibt es auch andere Aufgaben/Positionen, die Sie interessieren?
- Was hat Ihnen an unserer Anzeige am meisten zugesagt?
- Wie stellen Sie sich Ihre Tätigkeit bei uns vor?

Wertschätzung der Firma / Woher kommen die Infos?

- Haben Sie einen besonderen Bezug zu unserem Unternehmen?
- Kennen Sie Mitarbeiter des Unternehmens?

Leistungsbeweis im Arbeitsleben

- Auf welche berufsrelevanten Leistungen in Ihrem Leben sind Sie besonders stolz?
- Welche Misserfolge haben Sie erlitten?

Ausbildung

- Warum eine Ausbildung zum X?
- Warum waren Ihre Noten in X immer so schlecht?
- Welche Schulen haben Sie besucht?
- Was waren Ihre Lieblingsfächer?
- Arbeiten Sie lieber im Team oder alleine?

3

Persönlichkeitsbild

- Welche Charaktereigenschaften beschreiben Sie am treffendsten?
- Erzählen Sie in zehn Minuten etwas über sich.
- Wo liegen Ihre Stärken, wo Ihre Schwächen?
- Was war Ihr bisher größter Erfolg/Misserfolg?
- Wie gehen Sie mit Kritik um?
- Wie sieht es mit ungerechtfertigter Kritik aus?
- Was bereitet Ihnen Sorgen?
- Wer ist Ihr Vorbild?
- Was sind Ihre Lebensziele?
- Schildern Sie zwei schwierige Situationen, die vor Kurzem zu bewältigen waren und wie Sie diese gelöst haben.
- Was würden Sie tun, wenn Sie mehr Freizeit hätten?
- Was verstehen Sie unter Erfolg?

Persönliches Umfeld

- Welchen Beruf üben Ihre Eltern aus?
- Leben Sie noch zu Hause?
- Was tun Sie in Ihrer Freizeit?
- Was haben Sie letzte Woche gemacht?
- Wie wichtig ist Ihnen beruflicher im Verhältnis zum persönlichen Erfolg?
- Sind Sie in Vereinen oder Organisationen tätig?

Stressfragen

- Warum sollen wir gerade Sie einstellen?
- Was spricht gegen Sie als Kandidat?
- Wo haben Sie Defizite?
- Mal ehrlich, Ihre Fähigkeiten sind doch eher durchschnittlich, oder?

Eindruck des Bewerbers

Unterlagen, Layout, Ausdruck, Orthografie, Vollständigkeit

Äußeres Erscheinungsbild

Gesamteindruck

(vgl. Mediaplant 2008)

3.5 Kompetenz-Portfolio

Die dritte Lernsituation ist abgeschlossen und nun möchten Sie in Ihrem persönlichen Kompetenz-Portfolio (Handlungsprodukte und Lernjournal) Ihre derzeitigen Kompetenzfelder (Selbstkompetenz und Präsentationskompetenz ...) reflektieren. Dazu setzen Sie sich erneut mit den Kerninhalten

> Welche Bedeutung hat eine Zielgruppenanalyse
> Moderationen vorbereiten – planen – durchführen – nachbereiten

der dritten Lernsituation auseinander.

Wie moderieren Sie sicher und überzeugend?

Arbeitsauftrag

Einzelarbeit

1. **Äußern** Sie sich aus den in der vergangenen Lernsituation gemachten Erfahrungen zu den einzelnen Inhaltskategorien eines Kompetenz-Portfolios. Orientieren Sie sich an den Kerninhalten, nehmen Sie Ihre erstellten Handlungsprodukte zu Hilfe (tabellarische Übersicht der Soft Skills, Stärke-Schwäche-Profil ...).

2. **Geben** Sie in der Einleitung wieder, womit Sie sich in dieser Lernsituation beschäftigt haben. Stellen Sie im Hauptteil Ihre Lernerfolge, -wege und -probleme dar. Ziehen Sie am Schluss ein Fazit und stecken Sie sich neue Ziele.

3. **Gestalten** Sie Ihr Portfolio leserfreundlich, indem Sie Name, Datum ... in die Kopfzeile eintragen, Ihre Gedanken in Abschnitte gliedern und mit Abschnittsüberschriften versehen.

Jour fixe (Beratungsgespräch mit Lehrkraft)

4. **Erläutern** Sie anhand des Kompetenz-Portfolios (Handlungsprodukte und Lernjournal) Ihre Entwicklung.

Inhaltskategorien für Ihr Kompetenz-Portfolio

Ihre fachliche Weiterentwicklung: *Ich habe als Moderator eine neutrale Rolle. Ich kann für den Verlauf der Moderation verschiedene Medien einsetzen ...*

Ihre persönlichen Erfahrungen, Erlebnisse und Einsichten: *Die Rolle des Moderators fiel mir überraschenderweise leicht ....*

Ihre (Lern-)Aktivitäten bzw. Lernstrategien/Arbeitsmethoden: *Ich verwende Moderationskarten ...*

Empfundene Behinderung des Lernens: *Ich habe zurzeit private Dinge, die mich ablenken ...*

Wertungen, emotionale Äußerungen: *Besonders gefallen hat mir: ... Mir hat nicht gefallen, dass ...*

Schildern Sie innere Zustände wie Irritationen, Erleichterung, Spannungserleben etc.: *Ich konnte mich am Anfang nicht in der Rolle des Moderators sehen ...*

Resultierende Hoffnungen, Erwartungen, Wünsche, Vorhaben: *Jetzt möchte in der Zukunft weitere Möglichkeiten bekommen, Sitzungen zu moderieren ...*

(Winter 2004, S. 259)

3

Notizen

Präsentationen planen (LA 2.1)

Die ersten Schritte zum Erfolg

Die Planung einer Präsentation beginnt mit der Vorgabe oder der Wahl eines Themas. Mit den folgenden vier bewährten Schritten erleichtern Sie sich das Erstellen einer Präsentation:

1. Planen
2. Vorbereiten
3. Üben
4. Präsentieren

Wenn Sie diese Richtlinien befolgen, werden Ihr Auftreten und Ihre Aussagen einen bleibenden Eindruck beim Publikum hinterlassen.

Ziel

Sie möchten Ihr Anliegen, Ihre Thesen, Ihre Ideen, Ihre Gefühle dem Besucher mitteilen und visuell die wichtigsten Elemente zeigen/aufzeichnen, sodass er am Schluss des Vortrages positiv beeindruckt den Raum verlässt.

Zeitaufwand

Bei der Planung der Präsentation muss das Auftrittsdatum als Endmeilenstein festgelegt werden. Ab diesem Datum sollten Sie nichts mehr an der Präsentation ändern, denn Sie haben den Vortrag geübt und können den Ablauf „fast" auswendig. Alle Änderungen, die Sie noch vornehmen, werden den reibungslosen Ablauf stören, und Sie treten nicht als der/die souveräne Präsentator(in) auf und gehen das Risiko ein, dass die Zuhörer Ihren Vortrag als improvisiert empfinden.

Die Länge von Vorträgen ist selten kürzer als fünfzehn Minuten. Es wird zwischen Sachvortrag (nach max. fünfundvierzig Minuten eine Pause) und einer Präsentation (nach max. zwanzig Minuten eine Pause) mit dem Ziel zu verkaufen, zu überzeugen, zu beeinflussen oder zu werben, unterschieden. Das lange Zuhören, Zusehen und Verarbeiten des Gehörten verlangt von den Teilnehmern eine große Aufmerksamkeit. Um dem Rechnung zu tragen, sollten Sie öfters (themenabhängig) eine Pause einplanen (vgl. Widmer 2007).

Das Publikum steht im Mittelpunkt

Kommunikation

Wenn wir normalerweise vom Begriff „Kommunikation" sprechen, verstehen wir ihn als sprachlichen Informationsaustausch. Kommunikation ist aber mehr als nur die Sprache, Kommunikation geht viel weiter: Wir kennen die **nonverbale** und **verbale** Kommunikation. Zur nonverbalen Kommunikation gehören unter anderem: gestikulieren, erröten, gähnen, Arme verschränken, Stirn runzeln, Augen „rollen", „irgendwohin gucken" = geistig abwesend sein usw. Die nonverbale Kommunikation ist riskant, denn sie ist interpretierbar und kann falsch verstanden werden. Körpersprachliche Signale werden unterbewusst ausgesandt und auch unterbewusst aufgenommen. Körpersprache ist daher gewissermaßen eine Art „Untergrundsprache".

4

Sender und Empfänger

Präsentieren bedeutet, auf einer Veranstaltung ein Produkt vorzuzeigen oder Neuigkeiten mitzuteilen. Zwischen dem Publikum und der Präsentation findet permanent ein Wechsel von verschiedenen Aktivitäten statt. Diese Aktivität nennt man auch Interaktion. Der Präsentator (Sender) kann spüren, ob das Publikum angespannt zuhört, ob es mitgerissen wird oder aber, ob es sich langweilt. Auf der anderen Seite spürt das Publikum (Empfänger), ob der Vortragende das Thema beherrscht oder nicht; improvisiert er; hat der Vortrag einen roten Faden; steht der Vortragende hinter dem, was er mitteilt, oder wirkt er gelangweilt. Die Nachricht sollte auf die Empfänger abgestimmt werden. Die Sprache sollte von allen verstanden werden. Der Empfänger formt die Informationen, die er erhalten hat, für sich selber um – Betrachtungsweise durch seine Brille. Er hört nur die Informationen, die im Moment seinen Bedürfnissen entsprechen und für die er empfänglich ist.

Damit der Sender das Optimum an die Empfänger weitergeben kann, sollten Sie einige Merkpunkte beachten:

* Inhaltlich klare Informationen (kein Zickzack zwischen den verschiedenen Themen)
* Erkennbares Ziel der Präsentation
* Strukturierte Aufbereitung der Daten
* Richtige Dosierung der Informationsabgabe
* Sinnvolle Zusammenfassung des Vortrages
* Überprüfung, ob die Botschaft des Vortrages beim Empfänger auch richtig angekommen ist und verstanden wurde

Wie viele Informationen kann das Publikum verkraften

Gehen Sie davon aus, dass Sie pro Sekunde ca. sechzig Millionen Kleinsteindrücke wahrnehmen. Diese Menge an Informationen werden mit dem Auge, dem Ohr, der Nase, dem Tastsinn, dem Mund, der Zunge, den Haaren usw. wahrgenommen.

Das Ultrakurzzeitgedächtnis (Blitzlicht)

* Ca. 20 Sekunden bleibt das Wissen aktiv
* Ca. 100 Eindrücke werden erkannt
* Ca. 97 Prozent der Eindrücke werden vergessen
* Ca. 3 Prozent der Eindrücke werden im Kurzzeitgedächtnis weiterverarbeitet

Das Kurzzeitgedächtnis

* Ca. 20 Minuten bleiben die Eindrücke aktiv
* Ca. 90 Prozent der Eindrücke werden vergessen
* Ca. 3 Eindrücke werden ans Langzeitgedächtnis weitergeleitet

Das Langzeitgedächtnis

- Das Wissen bleibt unbegrenzt abrufbar
- Ca. 0,3 Prozent aller Eindrücke werden gespeichert

Die Aufnahmefähigkeit der Zuschauer hängt von den eingesetzten Sinnen ab, wie Sie als Präsentator das gesprochene Wort unterstreichen: Gehen Sie davon aus, dass

- Nur lesen: ca. 10 Prozent des Gelesenen bleibt haften
- Nur hören: ca. 20 Prozent des Gehörten bleibt haften
- Nur riechen: ca. 20 Prozent des Gerochenen bleibt haften
- Ein Produkt probieren: ca. 20 Prozent bleibt haften
- Nur sehen: ca. 30 Prozent des Gesehen bleibt in Erinnerung
- Mit den Händen etwas anfassen: ca. 45 Prozent bleibt in ihren Erinnerungen haften
- Selber den Text vortragen: ca. 70 Prozent des Gesagten wird gespeichert
- Selber etwas tun: ca. 90 Prozent des selber Ausgeführten bleibt haften

Kombinieren Sie, wenn möglich, die verschiedenen Wahrnehmungen, sodass für die Teilnehmer der größtmögliche Erinnerungs- und Memory-Effekt entsteht! Sie hören dem Vortragenden zu und unterstreichen das Gesprochene mit Bildern, Tabellen usw. So werden Ihre Zuhörer ca. 50 Prozent der Eindrücke speichern.

Zielgruppenanalyse (LA 3.1)

Oft wird vergessen, das Publikum zu analysieren und zu hinterfragen, aus welchem Grund Sie Ihren Vortrag halten. Es passiert immer wieder, dass der Vortrag nicht dem Publikum entspricht, oder es sitzt das falsche Publikum im Vortrag. Es darf nicht sein, dass das Publikum nach dem Vortrag mit Fragen, Unwahrheiten oder mit der Aussage: „schade um die verlorene Zeit, hätte sie besser nutzen können" den Raum verlässt. Klären Sie vorher ab, welche Besucher Sie zu erwarten haben: Sind es Jugendliche, Erwachsene, Freunde, Laufpublikum oder handelt es sich um ein Fachpublikum (Fachspezialisten wie Techniker, Kaufleute oder Ärzte). Je nachdem, wie Sie dieses Zielpublikum analysiert haben, können Sie mit Bildern, Tabellen, Zahlen, Musik, Videos, Grafiken, Farben usw. den Vortrag unterschiedlich aufbauen.

Folgende Fragen helfen Ihnen bei der Publikums-/Zielgruppenanalyse weiter:

- Wer sind die Teilnehmer?
- Was erwarten die Teilnehmer?
- Welches Vorwissen haben die Teilnehmer?
- Welche Haltung haben die Teilnehmer zum Thema?
- Welche Fragen sind zu erwarten?
- Welche Widerstände sind zu erwarten?
- Welche Besonderheiten bestehen?

Sie wissen nun, welche Leute Sie bei Ihrem Vortrag zu erwarten haben. Aus diesem Grund überlegen Sie sich nun den Zweck des Vortrages und welchen „Auslöser" Sie beim Publikum erreichen wollen. Wollen Sie ...

- ... informieren
- ... überzeugen
- ... zum Handeln motivieren
- ... verkaufen
- ... unterrichten oder ausbilden

Im Großen und Ganzen werden zwei Ziele unterschieden: informieren oder überzeugen

Informierende Präsentation

Es werden nur Fakten (Bericht, Fortschritt eines Projekts usw.) im Vortrag eingesetzt. Es wird keine Beeinflussung oder Meinungsänderung des Teilnehmers angestrebt.

Überzeugende Präsentation

Sie versuchen bewusst, die Teilnehmer zu beeinflussen, sodass es zu einer Meinungsänderung kommt (vgl. Widmer 2007).

Inhalte gekonnt aufbereiten

Informationen sammeln

Wenn Sie eine Präsentation planen, sollten Sie zunächst aktuelle Daten und Materialien sammeln. Doch welche Daten sind wirklich relevant und welche Informationen sind geeignet? Antwort: Jene, die zum Thema gehören, die verstanden werden können, die Ihre Teilnehmer interessieren und die gleichzeitig zu den vorabdefinierten Zielen führen.

Selektieren

Sie sammeln alle brauchbaren Materialien. Anschließend selektieren Sie, welche am nützlichsten sind, um die Präsentationsziele zu erreichen. Setzen Sie noch einmal Prioritäten. Bewerten Sie die gesammelten Materialien und sondern Sie gründlich aus.

Komprimieren

Während sich die Informationen für Ihre Präsentation zunehmend verdichten, können Sie mit dem Entwurf eines Ablaufplanes beginnen. Welche Inhalte sollen in die Eröffnung, welche in den Hauptteil und welche in den Schluss der Präsentation? Erarbeiten Sie einen „roten Faden". Entfernen Sie überflüssiges Datenmaterial und fügen Sie gegebenenfalls Neues ein.

Sie komprimieren das Material. Nur die wichtigsten Informationen bleiben übrig. Denn Ihre Präsentationszeit ist meistens kurz bemessen. Und Ihr Publikum ist begrenzt aufnahmefähig. Bei Präsentationen gilt die Regel: „Weniger ist mehr."

Visualisieren

Danach können Sie die Visualisierung entwickeln.

Präsentationen gestalten (LA 2.2)

Unterstützen Sie mit Schrift, Farbe und Layout

Nicht jeder, der vorträgt, ist auch ein guter Redner, der das Publikum in seinen Bann zieht. Umso wichtiger ist es, dass Präsentationen nicht überladen, unübersichtlich oder gar unstrukturiert sind. Die wesentlichen Aufgaben beim Konzipieren einer Präsentation sind inhaltliche Klarheit und erkennbare Zielrichtung, strukturierte Aufbereitung und richtige Dosierung der Informationsmengen sowie sinnvolle Zusammenfassung der Hauptinhalte.

Seien Sie sich stets bewusst, dass ein Vortrag immer ein Lernprozess ist. Die unbedingte Orientierung auf das Publikum ist und bleibt die zentrale Herausforderung für alle, die vortragen. Inhalt und Gestaltung müssen sich an den Teilnehmern orientieren, an deren Wissensstand, Aufnahmebereitschaft und -fähigkeit. Unterstützen Sie Ihren Vortrag bewusst mit den Mitteln der Gestaltung – und dazu gehören in erster Linie Schrift, Farbe und Layout (vgl. Schiecke et al. 2006, S. 27).

- Lenken Sie mit farbigen Flächen, mit Bildern, Rahmen, Aufzählungspunkten und Symbolen den Blick und die Aufmerksamkeit der Zuschauer.

- Verwenden Sie auf jeder Folie eine Überschrift, stets an gleicher Stelle.

- Ordnen Sie die Aufzählungstexte, Bilder und Diagramme so an, dass sie immer an der gleichen Position links oben beginnen.

- Ordnen Sie alle Informationselemente unterhalb der Überschrift an einem (unsichtbaren) Raster an.

- Verwenden Sie dazu die Führungslinien des Präsentationsprogramms oder arbeiten Sie mit einem Gitternetz.

- Achten Sie auf ausreichende Leerfläche auf der Folie und lassen Sie mindestens dreizig Prozent der Fläche frei.

- Verwenden Sie für gleiche Sachverhalte gleiche Gestaltungsmerkmale (Formen, Farben, Symbole usw.). Ein Vortrag, der vorwiegend aus Text besteht, kann schnell langweilig wirken. „Beleben" Sie daher Ihre Folien mit Diagrammen, Schaubildern, kleinen Fotos und haben Sie Mut zu kreativen Darstellungen (vgl. Schiecke et al. 2006, S. 34 - 35).

Aus Texten mehr machen

Die Teilnehmer einer Präsentation müssen gleichzeitig den Worten des Vortragenden folgen und den Inhalt der Folie verarbeiten. Die Textfolien müssen übersichtlich gestaltet sein, damit sie vom Publikum auf einen Blick zu erfassen sind. Das Publikum soll dem Vortragenden zuhören und auf den Folien wirklich nur die Kernaussagen sehen als visuelle Begleitung des gesprochenen Wortes und nicht als dessen Ersatz. Je weniger auf der Folie steht, umso weniger ist der Vortragende versucht, Folien vorzulesen. Und das Publikum seinerseits wird sich viel stärker auf den Vortragenden konzentrieren und ihn auch eindeutig als den Mittelpunkt des Vortrags erkennen und anerkennen.

Die Reduktion der Inhalte ist nicht immer leicht, aber der Nutzen rechtfertigt den Aufwand. Das Komprimieren teilweise langatmiger Inhalte auf einen Begriff bietet für beide Seiten, Publikum und Vortragenden, Vorteile: Das Publikum kann dem Vortragenden konzentriert zuhören und nimmt das eine Wort als zusätzlichen visuellen „Anker" auf. Der Vortragende erhält ein Stichwort, um den nächsten Gedanken auszuformulieren, erhält gleichzeitig den roten Faden und kommt definitiv nicht mehr in Versuchung, die Folieninhalte einfach abzulesen.

Verwenden Sie nur einzeilige Überschriften und halten Sie den gleichen Schriftgrad bei. Formulieren Sie schlag- und stichwortartig statt in vollständigen Sätzen. Pro Aufzählungspunkt formulieren Sie max. zwei Zeilen Text. Vermeiden Sie bei zweizeiligen Texten sinnentstellende Trennungen.

Gliedern Sie normgerecht – vermeiden Sie einzelne Unterpunkte, wenn Sie mehrere Textebenen einsetzen. Verwenden Sie nur so viele Aufzählungspunkte, wie Sie ohne Reduzierung des Schriftgrads unterbringen können – ggf. arbeiten Sie zweispaltig oder verwenden eine zweite Seite. Als Aufzählungszeichen eignen sich auch Bilder. Diese transportieren neben ihrer gestalterischen Wirkung auch inhaltliche Aussagen. Pfeile, die in verschiedene Richtungen gehen, unterstreichen wirkungsvoll die Aussage (nach oben – positiv, nach rechts – neutral, nach unten negativ) oder Smilies verdeutlichen die Stimmung. Sind nur wenige Aussagen vorhanden, kann jede von ihnen durch ein passendes Bild als „Bullet" aufgewertet werden.

Nicht jeder Text lässt sich in Aufzählungspunkte zerlegen, beispielsweise Fließtexte wie Firmenphilosophie, Zitate oder Kurzbeschreibungen eines Produktes. Diese sollten vom üblichen Layout abweichen und den Text vor einem farbigen Hintergrund oder vor einem Hintergrundmotiv zeigen (vgl. Schiecke et al. 2006, S 40 - 49).

Zahlen auf den Punkt bringen

Zahlen in einer Präsentation sind wie „das Salz in der Suppe" – aber wer möchte die Suppe schon „versalzen"? Zahlen sind nicht jedermanns Sache, schon gar nicht, wenn sich Anhäufungen davon auf einer Folie tummeln. Es geht nicht um Zahlen schlechthin, sondern um die Zahlen, die wichtig sind, die Zahlen nämlich, die eine Aussage oder Bewertung möglich machen.

Diese Zahlen zu finden, ist in der Tat eine Kunst. Sie dann zu zeigen, sollte eigentlich keine Kunst, sondern eher banal sein. Doch in der Realität werden immer wieder Folien oder ganze Präsentationen gezeigt, in denen die wenigen wirklich wichtigen Zahlen nicht herausgearbeitet wurden. Sie gehen in langatmigen Textfolien unter, sie verschwinden im Gitternetz liebloser Tabellen; und bestenfalls sind sie in einem Diagramm wiederzufinden. Für die erfolgreiche Präsentation wichtiger Zahlen sollten vorab folgende Fragen beantwortet werden (vgl. Schiecke et al. 2006, S 57):

- Welche Zahlen sind wesentlich, um die Hauptaussage für eine Folie zu illustrieren; welche sind zwar interessant, aber lenken von einer klaren Aussage ab?

- Welche Zahlen kennt das Publikum oder kann es problemlos zuordnen?

- Welche Zahlen sind für die Zuschauer neu und welche Zahlenkonstellationen sind unbekannt?

- Welche Zahlen sind auf der aktuellen Folie für den dramaturgischen Ablauf der Präsentation wichtig?

- Welche Zahlen führen zur nächsten Aussage oder leiten zur nächsten Folie über?

- Wie viele Informationen und Zahlen können den Zuschauern zugemutet werden?

4

Bilder sagen mehr als tausend Worte

Präsentationen spielen heutzutage im Geschäftsleben eine außerordentlich wichtige Rolle. Fast täglich gibt es etwas zu präsentieren: sei es das Unternehmen, das sich selbst präsentiert, ein Produkt, ein konkretes Angebot oder das Ergebnis einer Arbeit für den Kunden. Jedoch haben Experten herausgefunden, dass nur etwa fünf Prozent der Unternehmer konsequent kundenorientiert denken und handeln, dass sogar mittlerweile achtundneunzig Prozent der Werbung „nicht mehr ankommt" – ein wichtiger Grund, bei Präsentationen zukünftig besser zu überzeugen!

Wenn Sie Ihre Präsentation durch Bilder verstärken wollen, dann lautet die Grundregel: erst schreiben, dann malen, dann präsentieren. Das heißt konkret für Ihre Vorbereitung: Verschaffen Sie sich zuerst eine Vorstellung von dem, was Sie zeigen möchten. Halten Sie dies unbedingt schriftlich fest. Dieser Schritt ist entscheidend dafür, dass Sie eine starke Visualisierung finden, die das Publikum überzeugt – und nicht irgendein Bildchen nur zur Auflockerung.

Zuerst wird die Nutzen-Aussage schriftlich fixiert, danach die Bild-Aussage. Erst wenn Sie wissen, was Sie sagen wollen, wissen Sie auch, wie dies aussieht. Welche Bilder stellen meinen Nutzen plastisch dar? Wenn Sie diese Frage für sich beantwortet haben, dann gehen Sie bei der Auswahl Ihrer Abbildungen nach einer der folgenden drei Methoden vor:

Intuitives Vorgehen

Schreiben Sie alle Gedanken und Ideen auf, so wie sie kommen. Protokollieren Sie kritiklos und ordnen Sie später, genauso wie beim klassischen Brainstorming.

Stimulatives Vorgehen

Wenn nicht genug Ideen sprudeln, dann lassen Sie sich stimulieren und inspirieren in Zeitschriften, Kundengesprächsprotokollen und Fachblättern. Halten Sie sich jedoch stets Ihre speziellen Fragestellungen vor Augen.

Systematisches Vorgehen

Hier gibt es verschiedene Möglichkeiten der Vorgehensweise, beispielsweise das Ähnlichkeitsprinzip: Suchen Sie ein Bild, eine Metapher aus der Natur, die den Nutzen Ihres Produktes wirkungsvoll deutlich macht.

Wenden Sie stets alle drei Methoden zum Suchen von Bildern zusammen an. So finden Sie die meisten und zugleich überzeugendsten Ideen. Überlegen Sie immer, ob die wichtigen Punkte Ihrer Präsentation durch Bilder verstärkt sind.

Übersichtliche Darstellung durch Tabellen (LA 1.1)

Tabellen eignen sich perfekt für das übersichtliche Darstellen von Zahlen und Überblicksinformationen. Setzen Sie diese Darstellungsform trotzdem sparsam ein. Selbst bei gut gestalteten Tabellen treten schnell Ermüdungserscheinungen beim Publikum auf, wenn es folienweise mit Zahlenkolonnen eingedeckt wird.

Tabellen verleiten Vortragende immer wieder dazu, viele – zu viele – Informationen unterzubringen. Hinzu kommt, große Tabellen setzen die Betrachter unter negativen Stress. Das Bestreben, die Details in der Tabelle zu erkennen, scheitert recht schnell am Unvermögen, alle Informationen in der Kürze der Zeit aufzunehmen und einzuordnen. Die Folge ist neben Ermüdung ein deutlich nachlassendes Interesse.

- Begrenzen Sie die Tabelle möglichst auf maximal zwölf Daten.

- Kennzeichnen Sie die wichtigen Informationen. Verwenden Sie andere Farben oder AutoFormen wie etwa Ellipsen, Pfeile oder auch Balken zum Hervorheben.

- Gestalten Sie die Beschriftung für den Tabellenkopf fett und zentriert. Begrenzen Sie die Spaltenüberschriften auf kurze und aussagekräftige Bezeichnungen.

- Setzen Sie Linien sparsam und differenziert ein. Vermeiden Sie eine „Vergitterung" der Tabellen. Sind beispielsweise die Abstände zwischen den Daten der einzelnen Spalten groß genug oder verwenden Sie farbliche Hinterlegungen für die Spalten, dann können Sie auf trennende Linien für die Spaltenbegrenzungen verzichten.

- Wenn Sie sich für den Einsatz von Linien in Ihren Tabellen entscheiden, sollten diese nicht zu dick sein und sich auch durch die Farbe nicht in den Vordergrund drängen. Denn: Das Augenmerk soll dem Inhalt der Tabelle gelten und nicht den Trennlinien.

- Verwenden Sie etwas stärkere oder doppelte Trennlinien, um End- oder Zwischenergebnisse optisch abzutrennen und eine Struktur in der Tabelle deutlich zu machen.

- Setzen Sie beim Präsentieren von Zahlen per Bildschirmpräsentation die Möglichkeiten der Animation gezielt ein. Damit können Sie auch umfangreichere Zahlenbestände schrittweise aufbauen und überfordern Ihre Zuschauer nicht.

4

Diagramme sind ideal für Zahlenwerte

Überlegen Sie als Erstes, welche Frage Sie mit dem Diagramm beantworten wollen. Reduzieren Sie das Datenmaterial konsequent auf die Zahlen und Fakten, die genau diese Antwort unterstützen. Formulieren Sie eine wirklich aussagekräftige Überschrift. Schreiben Sie nicht „Umsätze", sondern was das Besondere bei den Umsätzen war, also beispielsweise „Umsätze wieder im Aufwärtstrend". Setzen Sie ggf. ein Fazit oder Kommentare unter oder neben das Diagramm.

Diagrammart

Nutzen Sie bei Mengenvergleichen Säulendiagramme, bei Rangfolgen hingegen Balkendiagramme. Stellen Sie Anteile in einem Kreis- oder Ringdiagramm dar. Zeigen Sie Entwicklungen über mehrere Zeiträume oder Trends in einem Linien- oder Flächendiagramm. Widerstehen Sie der Versuchung, zu verspielte 3-D-Darstellungen zu wählen. Ein 2-D-Diagramm bringt die Aussage meist besser auf den Punkt (.

Größenachse

Reduzieren Sie die Größenachse auf die Werteskala, die durch die Daten tatsächlich abgedeckt wird.

Farben

Investieren Sie die Mühe, besonders wichtige Datenpunkte farblich hervorzuheben. So erkennen die Zuschauer sofort das Wesentliche.

Beschriftung

Eine Schriftgröße ab sechzehn Punkt ist auch bei Beamer-Präsentationen gut lesbar. Vergessen Sie nicht, die Dimension der gezeigten Daten anzugeben – also „in Euro" oder „in Tsd. Euro" oder „in Stück".

Grafiken

Geben Sie einem Diagramm durch ein passendes Hintergrundmotiv den besonderen Pep. In Einzelfällen können Sie auch die Säulen oder Balken durch passende Bilder ersetzen (Manthei et al. 2008).

4

Präsentation vorbereiten (LA 2.3)

Den Auftritt vorbereiten

Dedecek (2008) empfiehlt bei der Planung einer Präsentation, mithilfe von zehn Fragen die Strategie zu überlegen. Diese Fragen sind allgemein formuliert und nicht nur auf die Schule oder evtl. das Studium bezogen:

- Habe ich alle wichtigen Punkte in der inhaltlichen Vorbereitung berücksichtigt?
- Habe ich die Zielgruppe klar erkannt?
- Sind meine Ziele deutlich formuliert?
- Habe ich alle wichtigen W-Fragen (Wer?, Was?, Wann?, Wo?, Wie?, Warum?, Womit?) kreativ beantwortet?
- Ist die Einleitung kurz und wird sie Sympathie und/oder hohes Interesse wecken?
- Habe ich die Inhalte vollständig und knapp formuliert?
- Wirkt die Präsentation klar gegliedert und überschaubar?
- Welche Mimik und Gestik passt zu Form und Inhalt des Vortrages?
- Habe ich alle visuellen und technischen Mittel bedacht?
- Bin ich kompetent genug, auf Rück- oder Nachfragen zu antworten?

Das Manuskript

Ein gut gestaltetes Manuskript ist laut Dedecek (2008) der Schlüssel für eine erfolgreiche Präsentation! Sie sollten keine Mühen scheuen, Ihr Manuskript sorgfältig und übersichtlich zu erstellen. Gestalten Sie es so, dass Sie jederzeit auf die gerade benötigten Informationen Zugriff haben. Mit Hilfe von Karten im DIN-A5-Querformat können Sie gut Ihre Nervosität verbergen. Hier gelten folgende Regeln:

- Nur einseitig ausfüllen (bessere Orientierung)
- Mit großer Schrift beschriften (Hand – Augenabstand)
- Mit verschiedenen Farben arbeiten (bessere Übersichtlichkeit)
- Viel Freifläche einbauen, damit Sie schnell Text und Stichwörter finden, auch hier nichts durchstreichen
- Karten durchnummerieren (könnten herunterfallen)
- Den ersten Satz wörtlich ausformulieren, das bietet die nötige Sicherheit
- Den letzten Satz immer wörtlich formulieren und ihn auch so vortragen (das ist wesentlich für den Erfolg Ihrer Präsentation)
- Wichtige Schlussfolgerungen ausführlich formulieren (evtl. andere Farbe)
- Regiehilfen einbauen (Querverweise, Erinnerung zum langsamen Sprechen, Pausenzeichen, Verweis auf Schaubilder ...)

4

So aktivieren Sie Ihr Publikum (LA 3.1)

Erinnern Sie sich, wann ein Redner Sie das letzte Mal so richtig begeistert und gedanklich gefesselt hat? Genau, als er Sie zum Mitdenken anregte, Sie mitnahm auf seine gedankliche Reise, als er Sie provozierte und geistig forderte. Es gibt viele Elemente, die aus Ihnen im Handumdrehen einen aktivierenden und faszinierenden Redner machen.

Setzen Sie visuelle Anker

Bringen Sie reale Gegenstände mit in Ihre Präsentation und stellen Sie so Bezüge zu Ihrem Thema her: Zeigen Sie einen echten roten Faden, setzen Sie Handpuppen ein, nutzen Sie einen Staffelstab oder halten Sie alte Schuhe hoch. Geben Sie Ihren Zuhörern auch ein „Give-away" (z. B. eine Glasmurmel, einen Würfel) als Begleiter für die Hosentasche mit. Dann erinnert sich jeder Einzelne an Ihren fesselnden Vortrag, noch Wochen später.

Lassen Sie Ihre Zuhörer murmeln

Fordern Sie nach einem zehn- bis fünfzehnminütigem Input Ihre Zuhörer auf, mit dem Sitznachbarn zu einer provozierenden Frage (mit Themenbezug) zu reden. Ein Murmeln wird im Raum hörbar. Stellen Sie anschließend eine zweite, weiterführende Frage ins Plenum. Sie werden von der Beteiligung begeistert sein!

Erschrecken Sie Ihre Zuhörer

Wechseln Sie Ihre Position im Raum. Setzen Sie sich ins Publikum. Sie erschrecken damit, machen munter, zeigen, dass Sie „einer von ihnen" sind und zu Diskussionen und Fragen einladen.

Provozieren Sie Ihre Teilnehmer

Übertreiben Sie hin und wieder mal. Setzen Sie in der entscheidenden Phase einen Hut auf oder lassen Sie sich ein T-Shirt mit einem Motto bedrucken und ziehen Sie es sich im entsprechenden Moment über. All das sind „Hingucker", die Ihnen die Augen und Ohren Ihrer Zuhörer öffnen und auch offen halten!

Gestalten Sie die Pause

Legen Sie eine Karibik-CD ein, das bringt Bewegung in den Raum. Verteilen Sie in der Pause Knobelspiele, Kopfnüsse (Rätsel) oder Spielzeug (Bälle). Sie werden erstaunt sein, wie begeistert Ihre Zuhörer dies annehmen und versuchen zu jonglieren oder das Rätsel zu lösen.

Aufmerksamkeit wecken

Wenn Sie mit einer Präsentations-Software präsentieren und die Aufmerksamkeit von den Folien auf Ihren Vortrag lenken wollen, schalten Sie einfach zwischendurch den Bildschirm ab. Dazu drücken Sie auf den Punkt [.]. Sofort wird der Bildschirm schwarz und nichts lenkt die Zuhörer mehr von Ihnen ab. Ein weiterer Druck auf [.] schaltet den Schirm wieder ein.

Den Ablauf einer Präsentation erstellen

Sind die Vorbereitungen abgeschlossen, wird ein präziser Ablaufplan („Drehbuch") für die Präsentation erstellt. In diesem Ablaufplan sind die einzelnen Schritte bezüglich der Inhalte, des Medieneinsatzes und der Zeitvorgaben enthalten. Jeder Ablaufplan einer Präsentation besteht aus den drei Teilen Einstieg, Hauptteil und Schluss. Zusätzlich sollten Sie sich einen Plan für die Action Items (Aktionspunkte) erstellen, z. B. den Programmablauf visualisieren.

Der Einstieg

In der Einstiegsphase nehmen Sie das erste Mal Kontakt zum Zuhörerkreis auf. Dies kann in einer sachlichen oder auch persönlichen Art und Weise geschehen. Im nächsten Schritt werden Ziel und konkretes Thema der Präsentation genannt. Schließlich erfolgt die Information der Teilnehmer über den geplanten Verlauf der Veranstaltung. Dazu gehören die Hauptgliederungspunkte des Vortrages, der zeitliche Ablauf und die Pausenregelungen. In der letzten Phase des Einstiegs werden Sie Ihre Mitschüler(innen) auf das Thema der Präsentation einstimmen. Diese Einstimmung soll Interesse und Betroffenheit für die folgende Präsentation wecken.

Der Hauptteil

Jetzt wird das Thema den Zuhörern systematisch vorgetragen. Dazu sollte ein Blickkontakt zu ihnen hergestellt werden. Außerdem ist es erforderlich, klar und verständlich zu sprechen. Die Präsentation sollte durch Teilzusammenfassungen gegliedert werden. Für Rückfragen und Wortmeldungen der Teilnehmer muss ausreichend Zeit vorhanden sein. Schließlich sollten Sie die Reaktionen der Zuhörer beachten, um zu überprüfen, ob Ihr Ablaufplan den tatsächlichen Erwartungen entspricht oder verändert werden muss.

Der Abschluss

Der Abschluss ist ein wichtiger Bestandteil der Präsentation. Seine Durchführung ist abhängig von den angestrebten Zielen. Es ist üblich, zunächst eine Zusammenfassung der wichtigsten Aspekte der Präsentation durchzuführen. War es z. B. das Ziel der Veranstaltung, über ein Fachgebiet zu informieren, ist es an dieser Stelle angebracht, Verständnisfragen zu klären und eine Diskussion zu führen. Auf diese Diskussion müssen Sie vorbereitet sein (vgl. Manthei et al. 2007).

4

Teilnehmerunterlagen erhöhen die Nachhaltigkeit (LA 3.3)

„Eine perfekte Präsentation mit Videobeamer macht nur zwanzig Prozent des Erfolgs aus, achtzig Prozent hängen davon ab, was für Unterlagen das Publikum nach der Präsentation in der Hand hält und was es mitnehmen kann.

Der Grund: Was in der Präsentation gezeigt und gesehen wurde, ist schnell wieder vergessen. Der Zuhörer erinnert sich an Ihre Ideen und Vorschläge nur dann, wenn Sie ihm Ihre Präsentation in gedruckter Form überreichen, mit den gleichen Grafiken, Bildern und den gleichen Texten aus der Präsentation. Diese Grundregel wird nur sehr selten befolgt. Wenn Sie es ab heute auch tun und Ihre Präsentation in einem edlen Einband beim Zuhörer lassen, dann haben Sie einen entscheidenden Wettbewerbsvorteil" (Schönherr 2004, S. 1).

Erstellen Sie für Ihre Präsentation eine spezielle Vorlage?

Dann planen Sie am besten schon beim Erstellen der Folien gleich das Aussehen der Teilnehmerunterlagen. Denn auch für Handzettel und Notizseiten gibt es Masterfolien. So können Sie für die Zuhörer auf den Handouts zum Beispiel Titel, Ort und Datum als Überschrift hinzufügen. Wenn Sie auf den Folien Ihr Firmenlogo platziert haben, sollten Sie erwägen, es auch auf den Teilnehmerunterlagen einzufügen, um den Wiedererkennungswert zu erhöhen.

Wann setzen Sie welches Handout-Format ein?

Auf Handzetteln werden Ihre Folien als Miniaturbilder wiedergegeben. Die Größe hängt dabei von der Anzahl der Folien pro Seite ab und kann nicht verändert werden. Für Vortragende bieten Handzettel mit sechs Folien pro Seite einen guten Überblick über die Präsentation und ermöglichen eine sichere Navigation während des Vortrags.

Zuhörern teilen Sie Handzettel mit drei Folien pro Seite aus. Sie können sich auf Schreiblinien neben den Folien Notizen machen. Um mit Kollegen einen Vortrag abzustimmen, eignen sich Handzettel mit zwei Folien pro Seite. Brauchen Sie Ausdrucke für Ihr Archiv, sind neun Folien pro Seite die platzsparende Lösung.

Bei Notizseiten können Sie die Größe und Position des Folienbildes über den Master verändern. Für Vortragende können Sie Hintergrundinformationen oder wörtlich wiederzugebende Formulierungen im Notizbereich der Folie eingeben und mit ausdrucken.

Für Zuhörer können Sie unter der Folie großzügigen Raum für Notizen bereitstellen, zum Beispiel in Diskussions- oder Unterrichtsveranstaltungen.

4

Raumgröße und technische Hilfsmittel überprüfen

Ein wichtiger Bestandteil der Planung besteht in der Überprüfung des Raumes sowie dessen technischer Hilfsmittel. Was steht Ihnen zur Verfügung? Mit solchen Fragen müssen Sie sich auseinandersetzen.

Raumgröße

Stellen Sie sich vor, Sie besuchen einen Vortrag und betreten einen Raum, der voller leerer Stühle ist. Nur wenige Zuhörer haben sich in großen Abständen zueinander niedergelassen. Wo setzen Sie sich hin ...?

Die typische Reaktion auf einen zu großen Raum mit vielen leeren Stühlen ist, sich in eine Reihe zu setzen, die noch frei ist. Auch vorne Platz zu nehmen kommt nicht in Frage, denn der Moderator könnte einen auffordern, etwas zu sagen oder zu tun. Deshalb wählt man lieber den hinteren Teil des Raumes aus.

Lieber einen kleineren Raum mit weniger Stuhlreihen organisieren. Sollte das aber nicht möglich sein, dann wirken Sie auf die Zuhörer aktiv ein, die vorderen Sitze zu benutzen. Der Abstand zwischen Ihnen und dem Publikum sollte keine Barriere sein.

Raumausstattung

Versuchen Sie, möglichst früh mit dem Raumanbieter in Kontakt zu treten, um die technischen Einrichtungen zu überprüfen und auszuprobieren. Probieren Sie die verschiedenen Möglichkeiten anhand einer „alten Präsentation" aus:

- Wie wirken die Farben, sind sie blass oder kräftig?

- Welche Schriftgröße muss eingesetzt werden?

- Wie kann die Sitzordnung optimal auf Ihren Vortrag abgestimmt werden?

- Welche Einwirkung auf die Präsentation haben die Fenster?

Ein besonderes Augenmerk sollte dem Beamer gelten. In der Regel treffen Sie ältere Geräte an. Das bedeutet, dass der Raum relativ dunkel sein muss, um ein optimales Bild anzeigen zu können. Die Geräte sind nicht auf Tageslicht oder Halbdunkel ausgelegt. Die Lichtstärke der Geräte ist zu schwach.

Je düsterer der Raum ist, um so weniger haben Sie Blickkontakt mit den Zuhörern. Die Leute sind nur noch auf die Projektion fixiert und hören Ihnen nicht so genau zu (vgl. Widmer 2007)..

4

Präsentationen durchführen (LA 2.2 und LA 2.3)

Sei immer du selbst

Entscheidend ist, dass die Präsentation immer im Einklang mit der präsentierenden Person ist. Sprache, Körpersprache, Mimik und Gestik müssen echt sein – es soll Stimmigkeit mit der eigenen Persönlichkeit herrschen.

Nur dann, wenn der Präsentator wirklich er selbst sein kann, wird er sich bei seiner Präsentation auch wohlfühlen – und für das Gelingen einer guten Präsentation ist letztendlich immer der durchführende Mensch verantwortlich.

Für die Vortragssprache ist das Wichtigste, dass sie verständlich ist. Zu viel Aufmerksamkeit auf die Rhetorik und Sprechweise zu richten ist eher hinderlich und bringt zusätzliche Nervosität. Zu beachten sind: Intonationswechsel, variierende Geschwindigkeit und Lautstärke der Stimme sowie Sprechpausen.

Vor allem zu vermeiden ist ein monotoner Tonfall, da dadurch das Gesagte wie ein Schlafmittel wirkt. Die Stimme sollte lebendig wirken, dies kann durch körperliche Lockerungsübungen – Bewegung der Arme und Beine – erreicht werden. Eine weitere Möglichkeit, einen monotonen Tonfall zu bekämpfen ist, laut von eins bis zehn zu zählen, wobei man ganz leise beginnt und so laut wie möglich endet.

Mit der Lautstärke der Stimme kann man über längere Zeit die Aufmerksamkeit der Zuhörer an sich binden (Versuch, mit der Stimme zu spielen – leiser werden, bis man kaum mehr verständlich ist – dann laut werden – und normal weitersprechen).

Ein großes Problem kann die Sprechgeschwindigkeit sein. Die normale Sprechgeschwindigkeit liegt bei ca. einhundertzwanzig Wörtern pro Minute, die sich jedoch durch Nervosität erheblich steigert. Sprechpausen bewusst einschalten, z. B. nach wichtigen Aussagen bis fünf zählen, dann erst weiterreden; dadurch wird einerseits die Sprechgeschwindigkeit verringert, andererseits ermöglicht die Pause dem Zuhörer, die Aussage zu verarbeiten.

Versprecher sind kein Problem

Die Zuhörer sind wegen des Themas hier und nicht, um die „ähs" des Vortragenden zu zählen. Sie achten wesentlich weniger auf Versprecher und Füllwörter als der Präsentator selbst.

Man muss Hänger und Blackouts den Zuhörern nicht auf die Nase binden; meist fallen sie den Zuhörern gar nicht auf – wenn doch, tief durchatmen, die letzten Punkte wiederholen und weitersprechen. Gut hilft der rote Faden auf einem Plakat. (Der rote Faden ist der klar erkennbare Aufbau des Vortrags.) Die Präsentation soll kein Irrgarten sein, sondern der Zuhörer soll der Grundstruktur des Vortrags folgen können (vgl. Mayer 2008).

4

Eine überzeugende Körpersprache bringt den Erfolg

Mimik

Ein Lächeln ist die kürzeste Entfernung zwischen Menschen. Diese alte Weisheit lässt die Bedeutung der Mimik bei der Kommunikation erahnen. Wer lächelt, hat eine positivere Ausstrahlung. Vermieden werden sollte aber auf jeden Fall, bewusst die Mimik zu verändern – dies würde gekünstelt und damit unecht wirken.

Ein freundlicher, offener Blick stimmt den Zuschauer positiv. Wer den anderen „keines Blickes würdigt", wirkt arrogant, abweisend oder gar unsicher. Tatsächlich ist der Blick die wichtigste Möglichkeit, ohne körperliche Berührung Kontakte zu anderen Menschen aufzunehmen. Dabei ist aber nicht das Fixieren eines Einzelnen gemeint. Dies grenzt den Rest der Zuschauer aus und man verliert deren Aufmerksamkeit. Während einer Argumentation sollte der Redner versuchen, einen Blick der Neugierde aufzusetzen, und zwar Neugierde auf die Reaktion des Publikums. Oft reagieren Zuhörer darauf mit Kopfnicken im Sinne der Zustimmung. Dies gibt jedem Redner mehr Selbstbewusstsein und Sicherheit.

Gestik

Als Gestik bezeichnet man die Bewegung der Hände und Arme beim Sprechen. Diese ist stark von der Mentalität und dem Temperament des Einzelnen abhängig. Gesten, die in Höhe der Taille ablaufen, werden positiver gewertet als jene, die sich unterhalb der Taille abspielen. Hände sollten sichtbar bleiben. Versteckte Hände, z. B. in den Hosentaschen oder auf dem Rücken, werden als negativ gewertet. Hände sollten vielmehr freundliche und öffnende Gesten zeigen. Das leidige Problem „Wohin mit meinen Händen?" kann z. B. durch den Einsatz von Stichwortkarten teilweise gelöst werden. Gekreuzte Arme drücken Ablehnung aus. Schulterzucken lässt auf Hilflosigkeit und Unterwerfung schließen. Beides führt nicht zu einer positiven Atmosphäre bei einer Präsentation. Hektisches Fuchteln mit den Armen irritiert den Zuschauer. Gesten sollten grundsätzlich harmonisch und nicht übertrieben sein.

Standpunkt

Ein schlechter Redner stresst seine Zuhörer mit ständigem Herumzappeln, hektischem Nesteln in den Unterlagen. Nicht von einem Bein auf das andere treten! Ein gezieltes, selbstbewusstes Schreiten zu dem Standort, auf welchem man ruhig und aufrecht verweilt, bringt Aufmerksamkeit und Ruhe in den Raum.

Haltung

Eine aufrechte Körperhaltung signalisiert, dass man hinter dem Gesagten steht und sich seiner Argumente sicher ist. Eine gebeugte Haltung wirkt unsicher und wenig selbstbewusst. Wie sollte da das Publikum von dem Gesagten beeindruckt sein?

Bewegung

Ein Redner, der hektisch durch den Raum eilt oder zappelnd vor der Metaplan-Wand oder der Tafel steht, verhindert, dass sich das Publikum auf den Inhalt konzentrieren kann. Die Bewegungen und der Gang sollten immer ruhig und überlegt sein (vgl. Braun 2008).

4

Ohne Lampenfieber geht es nicht

Vor lauter Aufregung eine zittrige Stimme oder gar den Faden verloren? Für dieses Phänomen gibt es in der deutschen Sprache den treffenden Begriff des Lampenfiebers. Wie können wir das Lampenfieber vom Feind zum Freund wandeln?

1. Lampenfieber ist keine Angst vor dem Reden, sondern eine Angst vor den Menschen: sich zu blamieren, steckenzubleiben, sich lächerlich zu machen.

2. Trainieren Sie das Reden vor einem Publikum, das Ihnen „wohlgesonnen" ist.

3. Lampenfieber ist ein Angstgefühl. Ersetzen Sie dieses Gefühl durch Sicherheit. Sprechen Sie über Themen, bei denen Sie „sattelfest" sind. Das Lampenfieber wird einer wohltuenden Sicherheit Platz machen, wenn Sie gut vorbereitet und vom Gegenstand Ihres Vortrags überzeugt sind.

4. Lassen Sie sich nicht durch Versprecher, grammatikalische Fehler oder den verlorenen Faden irritieren. Oft werden Ihre Zuhörer das Manko gar nicht bemerken. Und wenn Ihre Teilnehmer etwas merken, werden Sie feststellen, dass sie oft viel toleranter mit Ihnen sind als Sie selbst. Perfektion weckt Aggression. Überzeugen Sie also nicht mit Perfektion, sondern lieber durch Ehrlichkeit, Glaubwürdigkeit und Authentizität.

5. Gewinnen Sie durch Üben Sicherheit im Formulieren Ihres Vortrags. Ihre schriftliche Vorbereitung sollte sich auf die Niederschrift von Stichworten beschränken. Lesen Sie nie ein fertiges Manuskript oder Folieninhalte vor. Erst das Ausformulieren im laufenden Vortrag gibt Ihrem Auftritt die nötige Würze.

6. Reden Sie mit den Händen. Überwinden Sie Ihr Vorurteil gegen körperlichen Einsatz zur Unterstreichung Ihrer Worte. Mit richtig eingesetzter Gestik gewinnen Ihre Worte an Klarheit. Können Sie sich vorstellen, dass ein stocksteif dastehender Mensch interessant wirkt?

7. Entspannen Sie sich vor Ihrer Rede. Beschäftigen Sie sich eine Stunde vor Ihrem Einsatz nicht mehr mit Ihrem Vortrag. Stellen Sie sich vor, wie schön es klingt, Beifall zu bekommen.

8. Haben Sie keine Angst vor Fragen. Fragen zeigen Ihnen, dass die Zuhörer Ihren Ausführungen interessiert folgen. Sollten Sie einmal keine Antwort aus dem Stand finden, bieten Sie dem Frager eine Klärung nach dem Vortrag an (vgl. Adler 2008).

Präsentationen nachbereiten (LA 2.3)

4

Die Chance einer Reflexion nutzen

Die Auswertung einer Präsentation bietet die Chance, Stärken und Schwächen herauszustellen und das eigene Präsentationsverhalten zu verbessern. Einige Leitfragen für die Nachbereitung der Präsentation:

Was ist während der Präsentation gut gelaufen?

Nach diesen Punkten sollte aktiv gesucht werden, damit sie für künftige Präsentationen nicht verloren gehen können.

Was ist während der Präsentation schlecht gelaufen?

Bei diesen Punkten besteht natürlich unbedingter Verbesserungsbedarf. Eine andere Alternative besteht allerdings auch im Fallenlassen ähnlicher Punkte, wenn dieses bei den Zuhörern schlecht ankommt. Keiner wird dazu gezwungen, alles preisgeben zu müssen, wenn dadurch nicht das Ziel verfehlt wird.

Was und wie kann ich mich und die Präsentation verbessern?

Hier geht es zum einen darum, für die verbesserungswürdigen Punkte eine Lösung oder einen neuen Weg zu finden, und zum anderen darum, neue Punkte und Informationen in die Präsentation miteinzubauen. Schwachstellen machen sich während der Präsentation häufig z. B. durch Unruhe, mangelnde Konzentration oder Fragen des Publikums bemerkbar.

Diese drei Punkte können jeweils für folgende Aspekte durchgegangen werden, um alle Ebenen einer Präsentation abzudecken:

- Ablauf der Präsentation

- Ziele der Präsentation (erreicht oder nicht?)

- Beziehung zum Publikum

- Beteiligung des Publikums

- Eigene Reaktionen auf Interessenlosigkeit, Angriffe, Fragestellungen oder konträre Positionen des Publikums

Die Chance der Reflexion durch die Teilnehmer nutzen

Besteht neben der Eigenanalyse auch die Möglichkeit, ein Feedback eines Teilnehmers der Präsentation zu bekommen, ist dieses ganz besonders wertvoll, da sich die Nachbereitung im Wesentlichen am Publikum orientieren soll. Eine Meinung eines Teilnehmers dient somit mehr der Intention der Nachbearbeitung als eine alleinige ich-bezogene Analyse. Zum Beispiel:

4

Teilnehmerreflexion der Präsentation			
Organisation der Veranstaltung	+	o	-
Ausstattung	+	o	-
Inhalte verständlich	+	o	-
Die Mischung aus Theorie und Praxis	+	o	-
Besonders gut hat mir gefallen:			
Für die nächste Veranstaltung wünsche ich mir:			

Neben dem Aspekt der persönlichen Verbesserung und der Verbesserung der Präsentation gibt es einen weiteren Punkt, der in der Nachbereitung bearbeitet werden muss. Dieser besteht in der Abarbeitung der während der Präsentation definierten Arbeitspakete, die sogenannten Action Items (Aktionspunkte):

• Vereinbarungen visualisieren

• Präsentationsmaterial an alle Teilnehmer verteilen

• Noch ausstehende Fragen beantworten

• Informationsmaterial austeilen

• Neue Visitenkarten in Datenbank aufnehmen

• Persönliche Kontaktaufnahme im Sinne des Networking planen

Natürlich erfordert eine intensive Nachbereitung einer Präsentation eine Menge Zeit, insbesondere, wenn man diese zum ersten Mal auf diese ausführliche Art durchführt. Jedoch fördert sie auch neben der allgemeinen Verbesserung die Routine der nächsten Präsentationen, sodass die Vorbereitungen als auch die Präsentationen selber deutlich leichter von der Hand gehen als zuvor.

Das kleine Einmaleins für digitale Präsentationen (LA 2.1)

1. Passender Folieninhalt

Beim Erstellen von digitalen Präsentationen ist es wichtig, dass der Folientitel zum Inhalt der Folie passt. Der Folientitel sollte nur eine Zeile umfassen. Sehr ansprechend ist es, wenn Sie für den Folientitel einen einheitlichen Sprachstil wählen, z. B. immer als Frage.

2. Nichts überladen

Sehr komplexe, umfangreiche Inhalte müssen auf mehrere Folien verteilt werden. Auf keinen Fall dürfen sie in kleiner Schrift zusammengedrängt auf einer Seite vorgestellt werden. Der schlimmste Fehler: eine DIN-A4-Textseite, eng beschrieben, an die Wand projizieren. Das finden zwar viele Redner prima, denn so haben sie ständig ihr Manuskript vor Augen und brauchen nur von der Wand abzulesen, die Zuschauer aber finden das grausam!

3. Wenig Text, viel Bild

Wozu haben Sie eine Präsentationssoftware, wenn Sie nur Texte präsentieren? Ein paar mündliche Informationen und die Sache wird lebendig. Komplexe und abstrakte Themen sollten durch Zeichnungen oder Strukturbilder veranschaulicht werden. Grafiken und Diagramme vereinfachen die Informationsaufnahme. Gut gestaltete Texte und Listen sind optimal lesbar, übersichtlich und verständlich. Ein Bild sagt mehr als tausend Worte. Daher sollten Sie an geeigneter Stelle Bilder einfügen, um die Aufmerksamkeit auf den richtigen Punkt zu lenken. Objekte werden so verteilt, dass der zu Verfügung stehende Raum genutzt wird.

4. Übersichtlich gestalten

Beim Text ist zu beachten, dass nur wichtige Kernaussagen geschrieben werden und diese einfach und klar formuliert werden (keine ausformulierten Sätze, keine Schachtelsätze). Die Schriftgröße sollte mindestens sechzehn Punkt und der Zeilenabstand mindestens 1,5-zeilig sein. Es sind maximal drei Schriftarten und drei Schriftgrößen zu verwenden. Die Schriftart ist entscheidend! Die geeignetste Schriftart ist Arial. Die Folien werden nicht bis zum Rand beschriftet. Bei Aufzählungen sollte der Textumfang auf maximal sieben Infopunkte begrenzt sein. Es sollten höchstens sechs Wörter in einer Zeile stehen.

5. Professionell arbeiten

Interaktive Schaltflächen erleichtern die Navigation innerhalb einer Bildschirmshow. Hyperlinks und interaktive Schaltflächen lösen Aktionen aus. Sie können sie mit Auto-Formen, Grafiken, Tabellen, Texten oder Audio- und Videosequenzen verbinden. Mit ihrer Hilfe gelangen Sie blitzschnell an jede beliebige Stelle in der aktuellen oder in einer anderen Präsentation, zu einer E-Mail-Adresse oder ins Internet.

4

6. Aufsehen erregen

Zuschauer sollten den Blick nicht mit Grauen von Ihrem Chart abwenden, sondern aufsehen und hinsehen, also den Blick auf das richten, was Sie ihnen angerichtet und zubereitet haben. Die Zuhörer möchten bei Vorträgen, Reden und Präsentationen beeindruckt, unterhalten, angeregt und informiert werden. Also überlegen Sie, was Ihr Publikum beeindrucken könnte! Wenn die Zuschauer hin- und aufsehen sollen, müssen Sie Aufsehen erregen! Aber mit Animationen sollten Sie sparsam umgehen!

7. Vorlesen verboten

Das, was der Zuschauer sieht, und das, was er hört, darf nicht dasselbe sein. Sonst ist es nicht spannend! Also niemals wörtlich vorlesen, was auf der Folie steht. Lautet der Folientext zum Beispiel „Umsätze 1. Quartal" sagen Sie: „Jetzt zu den Umsätzen vom ersten Quartal".

8. Mut zum Humor

Eine witzige Karikatur aus der Morgenzeitung vom Tag, kurz eingescannt und in die Präsentationssoftware eingebaut – schon haben Sie die Lacher auf Ihrer Seite. Entspannte Mienen danken es Ihnen.

9. Mut zur Variation

Sprechen Sie grundsätzlich um die Hälfte lauter und an besonders geeigneten Stellen doppelt so laut wie sonst. Dann klingt Ihre Stimme enthusiastischer und gleichzeitig sicherer. Das überträgt sich auf das Publikum. Und Ihr Körper baut Spannungen ab. Variieren Sie: Betonen Sie unterschiedlich, als ob Sie das, was Sie zu sagen haben, ganz ohne die Präsentationssoftware vor lauter Blinden erklären müssten.

10. Frei sprechen

Die Folien sind tolle Gedächtnisstützen. Ganz Sicherheitsbewusste können zu jeder Folie Kommentare eingeben, die bei der Präsentation auf dem eigenen Bildschirm erscheinen, für die Zuschauer aber unsichtbar bleiben.

11. Keine „Folienschleuder"

Jede Minute eine Folie, das hält kein Publikum aus. Die Folien (Charts) sollen visualisieren und Ihren Vortrag ergänzen, sie sollen ihn nicht ersetzen (vgl. Redenwelt.de 2008)..

4

Die professionelle Moderation (LA 3.2)

Der Moderator

Experte für Methodik, nicht für den Inhalt

Der Begriff der Moderation kommt aus dem Lateinischen und steht für „die Mitte finden", „Lenkung" und „Mäßigung". Moderationen werden in modernen Organisationen bei Teambesprechungen, Projektgruppen, Meetings, Arbeitsteams und Qualitätszirkeln durchgeführt. Gerade bei Entscheidungen und Problemlösungen wird es zunehmend wichtiger, alle Beteiligten gleichberechtigt einzubinden und damit schnell zu Ergebnissen zu gelangen.

Der Hauptunterschied zwischen der Rolle des Trainers und der des Moderators liegt darin, dass der Moderator die Prozesse und die Gruppe steuert, sich aber beim Einbringen der Inhalte zurückhält. Im Gegensatz zum Lehrer liefert der Moderator selbst höchstens einführende inhaltlichen Inputs. Für den Moderator steht das Steuern des Vorgehens und des Klimas im Vordergrund. Der Moderator ist ein Profi darin, sich zurückzuhalten, nur methodische Vorschläge zu machen und eine neutrale Rolle einzunehmen. Der beste Moderator ist der, der es auch bei schwierigen Themen schafft, sich neutral zu verhalten.

Die Aufgaben des Moderators

Sach-Ebene – Inhalte, Themen

Er steuert den Prozess durch: Vereinbarung und Überwachung der Spielregeln, Sammeln und verdichten von Meinungen und Informationen, Anbieten verschiedener Methoden, um Themen zu bearbeiten; Überwachen des Zeitplans und Ansprechen von Abweichungen, Sorgen für ein systematisches Vorgehen der Gruppe, fördern von Ergebnissen, Entscheidungen und Absprachen, Überprüfen der Zustimmung bei Entscheidungen und Vereinbarungen, Visualisieren der Diskussionen und Meinungsverschiedenheiten und Verdeutlichen unterschiedlicher Auffassungen.

Prozess-Ebene – Vorgehensweise

Der Moderator fördert eine konstruktive Beziehungsebene in der Gruppe durch: Aufbau von Vertrauen in der Gruppe, Transparentmachen von Konflikten, die Trennung von Beziehungskonflikten und Sachthemen, das Ansprechen von Entwicklungen und Prozessen, das Fördern einer konstruktiven Arbeitsatmosphäre.

Beziehungs-Ebene – Klima, Gefühle, Umgang

Der Moderator hilft der Gruppe, eigenverantwortlich zu arbeiten. Er ist ein Methodenspezialist und weniger ein Fachexperte, trägt die Verantwortung für den Prozess, aber nicht für das Ergebnis, ist ein Helfer für die Gruppe und eine Hebamme für die Ergebnisse; ist eine Person, die „eher fragt statt sagt", ist derjenige, der den Gruppenprozess steuert (vgl. Krawiec 2008).

4

Moderation vorbereiten

Eine Moderation hängt ganz entscheidend von deren Vorbereitung ab! Es muss die inhaltliche, methodische, organisatorische und persönliche Vorbereitung berücksichtigt werden.

Inhaltliche Vorbereitung

Ein Moderator sollte neutral sein, er hat „keine Meinung" zu den Inhalten der Moderation. Er leitet die Gruppensitzung, jedoch vor allem mit Fragen. Daher sollte er aber etwas von der Sache verstehen. Er muss kein inhaltlicher Experte sein, muss sich aber in die Sache hineindenken können – also sollte er sich vorab mit dem Thema/Inhalt beschäftigen. Das Grobziel sollte formuliert sein, um darauf aufbauend ein geeignetes methodisches Konzept entwerfen zu können (vgl. Seifert 2000).

Methodische Vorbereitung

Die Gruppenarbeit lebt von der vom Moderator angewandten Methodik und Struktur. Der Moderator muss sich vorher fragen: „Welche Teilnehmer mit welchen Erwartungen und Vorerfahrungen kommen?" Als Strukturierungshilfe dient ein Moderationsplan.

Moderationsplan für ...					
Schritt	Ziel	Methodik	Hilfsmittel	Zeit	Moderator
gesamte Moderation	Vorschläge zur Verbesserung der Mitarbeiter-zufriedenheit	Gesamter Moderations-zyklus	Moderations-koffer Pinnwände	2 Stunden	Tandem M. und H.
1. Einstieg	Eröffnung	Ein-Punkt-Abfrage	Vorbereitetes Plakat	15 Minuten	M eröffnet H schreibt
2. Sammeln					
3. Auswählen					
4. Bearbeiten					
5. Planen					
6. Abschluss					

Die in der Tabelle aufgeführten Schritte werden auf den Folgeseiten erläutert.

Organisatorische Vorbereitung

Eine perfekte Organisation ist wichtig, um Störungen zu vermeiden und die volle Konzentration der Teilnehmer zu haben. Dazu gehören: rechtzeitige und informative Einladung schreiben; Raum, Ort, Zeitpunkt und Zeitrahmen bestimmen; Medien usw. überprüfen.

Persönliche Vorbereitung

Der Moderator muss auf den Punkt genau körperlich und geistig fit sein. Er sollte die Ereignisse gedanklich vorwegnehmen und sich vorher bereits mit den Räumlichkeiten vertraut machen (Heimvorteil).

4

Moderation durchführen

Eine Moderation gliedert sich immer in mehrere Abschnitte. Der klassische Ablauf besteht aus sechs Schritten – Einsteigen, Themen sammeln, Themen auswählen, Bearbeitung, Maßnahmen planen und Abschluss (vgl. Seifert 2000).

1. Einsteigen

In diesem ersten Moderationsschritt geht es darum, die Sitzung zu eröffnen, ein positives Arbeitsklima zu schaffen und eine Orientierung für die gemeinsame Arbeit zu geben. Dazu gehören: Zeitplan, Erwartungen der Teilnehmer, Zielsetzung, Vorgehensweise und Klären der Protokollfrage.

2. Themen sammeln

Zunächst werden die Themen gesammelt bzw. festgelegt, die bearbeitet werden könnten oder konkret bearbeitet werden sollen. Entsprechende Frage(n) wird/werden daraus abgeleitet und visualisiert. Es werden die Moderationskarten an die Teilnehmer verteilt und dann wird zur schriftlichen Beantwortung der Fragestellung aufgefordert. Die Karten werden dann wieder eingesammelt, an der Pinnwand geordnet und strukturiert.

3. Themen auswählen

Hier geht es darum, in welcher Reihenfolge die Themen bearbeitet werden sollen – also die Priorität zu setzen.

4. Bearbeitung

In diesem Arbeitsschritt werden die Themen entsprechend der festgelegten Rangordnung bearbeitet. Zielsetzung kann sein: Infosammlung, Problemanalyse/-lösung, Entscheidungsvorbereitung bzw. Entscheidung.

5. Maßnahmen planen

In diesem Schritt wird festgelegt, welche Maßnahmen aufgrund der Ergebnisse aus der Themenbearbeitung durchgeführt werden sollen. Es wird eine Matrix erstellt, um diese für alle sichtbar zu dokumentieren. Ebenso sollten eine Verantwortlichkeit und Terminierung festgelegt sowie ggf. Kontrollen vereinbart werden. Dadurch wird die Realisierung gewährleistet.

6. Abschluss

Die inhaltliche Arbeit ist damit beendet. Nun sollte noch der Gruppenprozess reflektiert werden. Folgende Fragen könnten gestellt werden:

• Wurden meine Erwartungen erfüllt?

• Habe ich die Arbeit als effektiv erlebt?

• Bin ich mit dem Ergebnis zufrieden?

• Habe ich mich in der Gruppe wohlgefühlt?

4

Methoden für eine Moderation

Strukturierungsmethoden. Für jede Phase im Moderationszyklus gibt es verschiedene Strukturierungsmethoden, zum Beispiel:

Einstieg:	„Kennenlern-Matrix"
Themen sammeln:	„Kartenabfrage"
Themen auswählen:	„Mehr-Punkt-Abfrage"
Bearbeitung:	„Themenspeicher"
Planen:	„Maßnahmenplan"
Abschluss:	„Blitzlicht"

Fragetechnik

Die Frage ist neben der Visualisierung das wichtigste Werkzeug. Der Moderator agiert immer in „Fragehaltung". Er bezieht die Teilnehmer mit ein, er bringt das Gespräch in Gang und löst Blockaden, z. B. durch die „zurückgegebene Frage".

Die Fragen müssen einfach, zielgerichtet und konstruktiv sein. Durch gezieltes Nachfragen muss der Moderator die Teilnehmer immer wieder zur Sacharbeit zurückführen. Eine Frage besteht immer aus zwei Teilen: dem Inhalt und der Form. Die wichtigsten Frageformen sind: offene Frage, geschlossene Frage, Alternativfrage, rhetorische Frage, Suggestivfrage, Gegenfrage und zurückgegebene Frage.

Konflikte meistern

Der Moderator muss Konflikte erkennen und versuchen, sie zu bewältigen. Er sollte den Teilnehmern bewusst Rückmeldung geben, Blickkontakt halten, Pausen aushalten, Verständnis und Ergänzungsfragen stellen, neue Informationen zulassen und sammeln, Alternativen abwägen bzw. Lösungen suchen, die für beide Seiten annehmbar sind.

Medien

Die Visualisierung ist ein wichtiges Instrument des Moderators. Hierfür benötigt er zum Beispiel:

- Beamer

- Pinnwand

- Packpapier

- Flipchart

- Overheadprojektor

- Hilfsmittel wie Karten usw.

- Kleber, Schere, Pinn-Nadeln

Moderationsregeln während des Meetings

- Nur der jeweilige Moderator führt durch das Meeting.

- Mobiltelefone sind bei uns ausgeschaltet.

- Wir beginnen das Meeting pünktlich.

- Keine Wiederholungen für „Zuspätkommer".

- Jeder bereitet seine Beiträge vor – möglichst visualisieren.

- Privatgespräche finden in Pausen statt.

- Scherze, Sarkasmen, Seitenhiebe, Randbemerkungen, Witze verwenden wir sparsam und nie auf Kosten der Teilnehmer.

- Jeder spricht für sich, nicht für andere.

- Wir sprechen per „ich" und nicht per „man".

- Wir lassen den anderen ausreden.

- Wir bleiben sachlich – keine persönlichen Angriffe.

- Wir bleiben beim Thema.

Moderation nachbereiten

Persönliche Nachbereitung

Der Moderator wird nach der Gruppenarbeit den Verlauf der Arbeit reflektieren und sich fragen, was nun zu tun ist und wie es weitergeht; dies betrifft die drei Bereiche Rückblick, Hausaufgaben und weitere Entwicklung. Der Moderator wird sich die Fragen stellen:

Ist das Ziel erreicht? – Bin ich mit dem Ergebnis zufrieden? – Bin ich mit dem Verlauf zufrieden? – War meine Vorbereitung gut genug?

Die Arbeit der Gruppe ist mit dem Abschluss der ersten Moderation meistens nicht zu Ende. Der Moderator muss deshalb überlegen, was er bezüglich der weiteren Entwicklung zu tun hat.

Organisatorische Nachbereitung

Nach der Gruppensitzung muss die Arbeit auch organisatorisch nachbereitet werden. Es muss zumindest der Raum in Ordnung gebracht werden, das Protokoll erstellt und verteilt werden. (vgl. Seifert 2000)

Leittextmethode

Die Leittextmethode bietet vielfältige Möglichkeiten, Sie zum selbstgesteuerten Lernen anzuregen. Leittexte sind meist schriftliche arbeitsbegleitende Materialsammlungen, die zu Beginn einer Unterrichtsstunde von der Lehrkraft ausgeteilt werden. Sie strukturieren den Lernprozess vor, geben jedoch nicht alle Informationen, die zur Bewältigung der Aufgabe nötig sind. Vorgegeben werden nur solche, die für Sie nicht direkt zugänglich sind oder in den Begleitmaterialien als zu umständlich empfunden wurden. Leittexte sollen Sie zum eigenen Lernen anregen.

Die Leittextmethode basiert auf dem **Modell der vollständigen Handlung**, die die folgenden Schritte umfasst:

- Informieren

- Planen

- Entscheiden

- Ausführen

- Kontrollieren

- Bewerten

Bei der Leittextmethode führen Sie selbstständig die genannten Schritte aus. Sie erhalten dadurch eine möglichst genaue Vorstellung des Ziels Ihrer Tätigkeit und der möglichen Wege zur Erreichung dieses Ziels. Sie kontrollieren Ihre Vorstellungen und Wege selbst, sollten aber auch der Lehrkraft eine konkrete Rückmeldung zu Ihrer Arbeit geben.

Zielsetzung der Methode. Mit dem Einsatz der Leittextmethode sollen folgende Kompetenzen vermittelt und geübt werden:

- **Methodenkompetenz.** Sie werden durch die Leittexte zum selbstgesteuerten Lernen geführt. Sie lernen unterschiedliche Wege des Wissenserwerbs kennen, kreativ und problemlösend zu denken.

- **Fachliche Kompetenz.** Durch die höhere Methodenkompetenz und die damit verbundene höhere Selbstständigkeit und Selbstsicherheit steigt auch Ihre fachliche Kompetenz. Sie lernen, Probleme eigenständig zu lösen und können dadurch Ihr Wissen auch in neuen Situationen anwenden und in unvorhersehbaren Situationen angemessen reagieren.

- **Sozialkompetenz.** Beim Erarbeiten der Leittexte in Gruppen wird die Teamfähigkeit der Lernenden gefördert. Sie tragen die Verantwortung für Ihr Lernen und erleben Fortschritte, aber auch Rückschläge und Probleme unmittelbar.

Projektmethode

Karl Frey hat ein Grundmuster der Projektmethode entwickelt, wobei das Wort „Muster" ausdrücken soll, dass Abweichungen erlaubt und gewünscht sind. Er betont: „Die Projektmethode soll zum selbstständigen Arbeiten anleiten. Sie hilft, lernend Wirklichkeit zu konstituieren und zielt auf Selbstorganisation."

1. **Projektinitiative:** Eine Person innerhalb oder außerhalb der Lerngruppe regt ein Projekt als Angebot an die künftigen Projektteilnehmer an. Die Ausgangssituation ist offen und die Initiative muss an sich keinen Bildungswert darstellen. Die Thematik ergibt sich oft aus dem Lebenszusammenhang der Teilnehmer.

2. **Auseinandersetzung mit der Projektinitiative:** bedeutet, Spielregeln und Rahmenbedingungen des sozialen und inhaltlichen Aspekts zu erarbeiten, z. B. Zeitplan, Kommunikationsformen, Inhalte.

3. **Gemeinsame Entwicklung des Betätigungsgebietes (Ergebnis = Projektplan):** Das praktische Tun wird geplant und bildungsbedeutsame Punkte werden herausgearbeitet.

4. **Verstärkte Aktivitäten im Betätigungsgebiet/Projektdurchführung:** Umsetzung des Projektplanes; Vertiefung in Teilgebieten, Zusammentragen des Recherchierten, Angedachtes zu Ende führen und Probehandlungen zielgerichtet einsetzen.

5. **Abschluss des Projektes:** Hierbei gibt es drei Varianten:

   • Bewusster Abschluss/Präsentation: Veröffentlichung der Ergebnisse, Vorstellung des Produktes

   • Rückkoppelung zu Projektinitiative – Vergleich Planung/Ergebnis

   • Auslaufen lassen – (Bildungsphase des Projekts geht nahtlos in einen gebildeten Abschluss über); die Projektarbeit kann hier beendet sein, oder die Effizienz kann gesteigert werden, d. h. man arbeitet weiter.

6. **Fixpunkt:** Er wird bedarfsorientiert als organisatorische Schaltstelle eingesetzt, um eine produktive Zwischenbilanz zu erstellen.

7. **Metainteraktion:** Sie wird bedarfsorientiert eingesetzt, um Beziehungsprobleme innerhalb der Gruppe aufzuarbeiten. Die Projektteilnehmer setzen sich aus einer gewissen Distanz mit ihrem eigenen Tun und über den vorher abgesteckten Verständigungsrahmen auseinander. Die Metainteraktion trägt dazu bei, aus einfachem Tun bildendes Tun zu machen.

(Literatur: Frey, Karl: Die Projektmethode. Der Weg zum bildenden Tun, 1996[7], Weinheim/Basel, Beltz;

Gruppenpuzzle

Das Gruppenpuzzle ist eine Form von Gruppenunterricht. Sie erarbeiten einen Teil des Themas mit einem Selbststudienmaterial.

1. Stammgruppe – Informationsmaterial

Die Lerninhalte werden in mehrere Gebiete aufgeteilt. Jedes Gruppenmitglied bekommt ein Gebiet. Nach einiger Erfahrung können Sie die Themen auch wählen lassen. Danach gehen Sie in Ihre Expertengruppe.

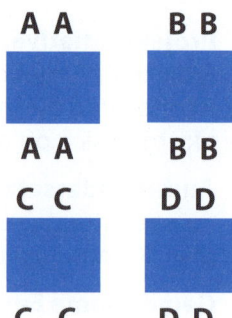

2. Expertengruppe

Selbststudium

Sie bearbeiten nun in Einzelarbeit Ihren Teil des Themas. Sie strukturieren Ihre Informationen auf einem Spickzettel oder mit einer MindMap. Es ist wichtig, dass Sie Ihr Thema verstanden haben, um Ihre Informationen korrekt und vollständig an Ihre Mitschüler(innen) weitergeben zu können. Deshalb folgt nach dem Selbststudium die Expertenrunde.

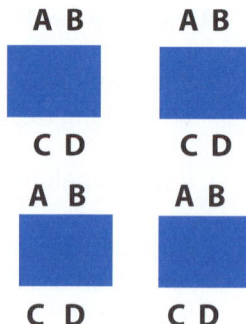

Kontrolle

Nun tauschen Sie sich mit Ihrer Expertengruppe (Mitschüler-/innen mit demselben Thema) aus. Hier besprechen Sie das zuvor Gelernte. Sie beantworten sich gegenseitig offene Fragen. Sie helfen einander, sich zu Experten zu machen.

Vorbereitung

Danach besprechen Sie, wie Sie Ihr Wissen am wirkungsvollsten vermitteln, welche Hilfsmittel Sie einsetzen und wie Sie die Zeit einteilen. Die Lerninhalte sind bekannt. Schließlich überlegen Sie gemeinsam einige Aufgaben, mit denen Sie Ihre Mitschüler(innen) überprüfen wollen.

3. Stammgruppe

Sie gehen in Ihre Stammgruppe zurück. Reihum erläutern Sie Ihren Mitschülern/Ihren Mitschülerinnen) Ihr vorbereitetes Thema und kontrollieren den Wissensstand. Nun sollten Sie optimal vorbereitet sein, um das in der Lernaufgabe gestellte Problem zu lösen.

Kugellager

Die Intenstion des Kugellagers ist, dass Sie Ihren Zufallspartnern gegenüber in freier Rede über ein eng abgestecktes Thema berichten, und zwar so, dass jeweils die Hälfte der Klasse für kurze Zeit spricht. Sie sollen durch mehrfachen Partnerwechsel Gelegenheit erhalten, sich zum anstehenden Thema richtiggehend „warmzureden", sprachlich Sicherheit zu gewinnen und Selbstvertrauen zu tanken.

Zuvor bereiten Sie sich in einer kurzen Besinnungsphase auf Ihre themenzentrierten Ausführungen vor. Dann setzen oder stellen Sie sich in Kreisform paarweise gegenüber, sodass ein Innenkreis und ein Außenkreis entsteht (evtl. stehen dazwischen ein Tische).

Nun erläutern zunächst alle im Außenkreis sitzenden Schüler(innen) ihr Thema. Ihre jeweiligen Gesprächspartner hören zu, machen sich Notizen und fragen eventuell nach. Anschließend rücken die im Innenkreis sitzenden Schülerinnen bzw. Schüler z. B. zwei Stühle nach rechts weiter, sodass neue Gesprächspaare entstehen. Nun werden die Schüler(innen) im Innenkreis aktiv und berichten ihrerseits über das gleiche Thema.

Alsdann rücken die Innenkreis-Vertreter erneut zwei Stühle weiter usw. Diese gegenläufige Bewegung von Innen- und Außenkreis gleicht einer Kugellager-Bewegung – deshalb Kugellager-Methode.

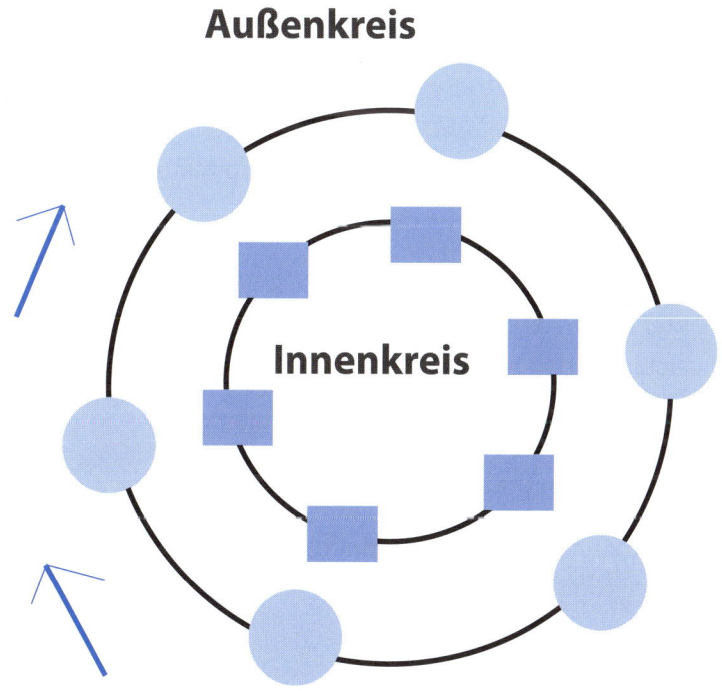

Außenkreis

Innenkreis

Grundsätzliches zum das Referat (LA 2.3)

Ein Referat halten

1. Informationsphase

- Beschaffen Sie sich Informationen

- Greifen Sie auf vorliegende Materialien zurück. (Schulbücher, Lexika, Zeitschriften, Zeitungen ...)

2. Erarbeitungsphase

- Wählen Sie die wesentlichen Informationen aus.

- Bringen Sie die ausgewählten Informationen/Inhalte in eine schlüssige Reihenfolge. Schreiben Sie eine Gliederung Ihres Referats auf.

- Erstellen Sie eine Langfassung des Referats und einen Stichwortzettel für den Vortrag.

- Fassen Sie die wesentlichen Aussagen schriftlich in einem Handout für Ihre Mitschüler(innen) zusammen.

- Entwerfen Sie eine zusätzliche Aufgabe, die Ihre Mitschüler(innen) nach Ihrem Referat lösen müssen (Fragebogen, Kreuzworträtsel o. Ä.).

3. Vortragsphase

- Fassen Sie sich kurz; reden Sie max. fünfzehn bis zwanzig Minuten.

- Reden Sie
  - Laut und deutlich
  - Möglichst frei unter Benutzung Ihres Stichwortzettels
  - In kurzen und verständlichen Sätzen

- Machen Sie kurze Pausen, wenn ein Gedanke abgeschlossen ist.

- Schauen Sie die Zuhörerinnen und Zuhörer an.

- Veranschaulichen Sie Ihre Ausführungen mithilfe der verfügbaren Medien (OHP/Folie, Tafel, Plakate, Wandzeitungen, Bilder ...).

4. Auswertungsphase

- Fragen Sie die Zuhörerinnen und Zuhörer, ob sie Fragen haben.

- Fragen Sie sich, Ihre Mitschülerinnen und Mitschüler nach:
  - Schwächen hinsichtlich der Inhalte des Vortrags
  - Schwächen hinsichtlich der Art des Vortrags

Ein Referat niederschreiben

Das Schreiben eines Referates ist ein reizvolles, aber auch anspruchsvolles Unterfangen, das oft Schwierigkeiten bereitet. Nicht nur die inhaltlichen Aspekte (Lesen, Exzerpieren, Fragestellung und Gliederung erstellen, Argumentationsgang entwickeln usw.) sind zu beachten, sondern auch die Entfaltung der eigenen Arbeitsökonomie (Wie mache ich was und in welcher Reihenfolge?) ist erforderlich. Hierbei kann ein **Arbeitsplan** helfen, der die notwendigen Schritte und deren sinnvolle zeitliche Abfolge angibt. Idealtypisch lässt er sich in folgende vier Arbeitsschritte unterteilen:

1. Schritt

- Gewählter Themenbereich als Ausgangspunkt einer ersten Dispositions-entwicklung durch Ermittlung eigenen Wissens und Formulierung von Fragen zum Themenbereich

- Lesen, Unterstreichen und Exzerpieren der Literatur

2. Schritt

- Entwicklung der genauen Themenformulierung

- Präzisierung der Fragestellung

- Ggf. erneute Bearbeitung der ausgewählten Literatur

- Entwicklung einer Gliederung

- Skizzierung einer Einleitung

3. Schritt

- Schreiben des Hauptteils der Arbeit

- Beachten des eigenen Argumentationsgangs und der angemessenen sowie korrek-ten Verwendung (Zitieren) der zu berücksichtigenden Literatur

- Ggf. Revision und Präzisierung der Gliederung

- Endgültige Ausformulierung der Einleitung

4. Schritt

- Überarbeitung des Konzeptes nach inhaltlichen, sprachlichen und formalen Aspekten

- Fertigstellung der Arbeit mit allen Bestandteilen (Deckblatt, Gliederung, darstel-lendem Text und Literaturverzeichnis)

- Textgestaltung (Layout, Typografie, usw.)

- Abgabe der fertigen Arbeit

Einem Referat zuhören

Mit folgenden sechs Regeln behalten Sie den Inhalt eines Referates besser:

1. Regel

Stimmen Sie sich auf das Referat ein.

Nehmen Sie sich vor, zuhören zu wollen. Inneres Sprechen kann diesen Vorgang unterstützen («Ich höre zu!).

2. Regel

Hören Sie genau zu.

Achten Sie auf Hinweiswörter (z. B. Hervorzuheben ist, ...) auf Literaturhinweise, schriftlich präsentierte Informationen und auf Betonungen, Wiederholungen und Hervorhebungen.

3. Regel

Schauen Sie auf die Referentin bzw. den Referenten.

Achten Sie auf Gestik, Mimik und Körperhaltung der bzw. des Vortragenden. Sie erhalten so zusätzliche Hinweise, was als wichtig erachtet wird.

4. Regel

Schreiben Sie Wesentliches mit.

Notieren Sie die wesentlichen Informationen stichwortartig. Fangen Sie bei jedem neuen Gedanken einen neuen Absatz an.

5. Regel

Stellen Sie Fragen.

Erbitten Sie zusätzliche Erläuterungen. Ersuchen Sie um Begriffserklärungen.

6. Regel

Reflektieren Sie das gehörte Referat.

Erstellen Sie eine systematische Übersicht mit Stichwörtern und Diagrammen. Fragen Sie sich: Was habe ich gelernt? Wurden meine Erwartungen erfüllt? Gibt es weiterführende Fragen oder ist nun der Vorgang abgeschlossen?

5

Brainstorming

Diese Methode eignet sich zum Finden möglichst vieler Ideen – zu einem vorgegebenen Thema oder zur Lösung eines vorgegebenen Problems. Der/die Moderator/in überwacht die Einhaltung der Regeln und dokumentiert die Ideen. Er bzw. sie gibt Impulse bzw. stellt Fragen. Es wird eine kreisförmige oder quadratische Sitzordnung als sinnvoll angesehen.

Durchführung/Ablauf

Formulierung des Problems

- Problemstellung visualisieren

- Problemstellung nicht zu komplex anlegen

Erläuterung der Grundregeln

- Jede auch noch so ausgefallene Idee ist willkommen
  („Je ausgefallener, desto besser.")

- Ideen werden knapp und kurz formuliert

- Ideen anderer können/sollten aufgegriffen und ausgebaut werden

- Keine Bewertung der Beiträge der anderen

Ideenfindung und -sammlung

- Äußerungen in beliebiger Reihenfolge

- Alle Ideen werden für alle sichtbar stichwortartig festgehalten (z. B. auf Karten an der Pinnwand oder auf dem Fußboden = Brainpool)

- Aufschreiben der Ideen darf Ideenfluss nicht hemmen

- Denkpausen sind notwendig und zulässig

Auswertung der Ideen

- Erläuterung der Ideen bei Bedarf

- Ordnung und Bewertung der Ideen

Kartenabfrage/Moderation

- Methode zur Sammlung von Ideen, Fragen, Themen, Lösungsansätzen ...

- Geeignet für Gruppen bis zu fünfundzwanzig Personen
  (bei jeweils zwei bis drei Karten)

- Ein oder zwei Moderatorinnen bzw. Moderatoren

- Halbkreisförmige Sitzordnung um die Pinnwand ist sinnvoll

Durchführung/Ablauf

Visualisierung der Frage-/Problemstellung

- Problemstellung visualisieren

- Problemstellung nicht zu komplex anlegen

Erläuterung der Grundregeln für die Kartenbeschriftung

- Mit Filzstift schreiben

- Leserlich (Druckschrift), groß und unter Verwendung von Groß- und Kleinbuchstaben
  schreiben

- Maximal dreizeilig schreiben

- Nur einen Gedanken pro Karte notieren

Karten austeilen, beschriften lassen und einsammeln

- Nur eine Kartenfarbe verwenden

- Karten verdeckt (Schrift nach unten) einsammeln

Karten vorlesen und anpinnen

- Moderatorin bzw. Moderator liest Karten vor

- Kommentare sind nur den Kartenverfassern gestattet

- Ordnung der Gedanken/Karten nach Sinneinheiten

- Gruppe entscheidet über die Zuordnung der Karten

Brainwriting (6-3-5-Methode)

Das Brainwriting wird in einer Gruppe durchgeführt. Die Gruppenmitglieder sitzen im Kreis an einem Tisch und haben alle ein Blatt Papier vor sich. Nachdem das Problem genau definiert ist, schreiben Sie drei Ideen für eine Lösung des Problems auf ein Blatt. Nach einer vorher festgelegten Zeitspanne schieben Sie Ihr Blatt zu Ihrem rechten Nachbarn. Der Nachbar schreibt dann, inspiriert von Ihren Ideen, drei weitere Ideen auf. Das Ganze wird so lange wiederholt, bis Sie Ihr Blatt wieder vor sich haben. Durch die Assoziationen mit dem, was jeweils die anderen geschrieben haben, führt diese Methode zu einer Fülle von Ideen.

Methode für:

- Kreative Ideen sammeln
- Probleme transparent machen und hierfür Lösungen finden
- Benennungen finden
- Neue Anwendungsmöglichkeiten
- Organisationsprobleme lösen

Vorteil

- Es entsteht eine große Menge neuer Ideen
- Einfälle anderer Gruppenmitglieder inspirieren zu weiteren Ideen
- Starre Denkschablonen werden aufgebrochen

Vorbereitung

Sie erhalten ein Arbeitsblatt mit einer vorbereiteten Tabelle und der formulierten Problemstellung. Ist eine derartige Vorbereitung nicht möglich, sollten Sie einen Zettel dreimal quer falten, sodass sich drei Spalten ergeben.

Ablauf

1. Phase: Konkretisierung des Problems
   Ein Thema, Bilder oder eine Leitfrage werden auf einem Arbeitsblatt oder an der Tafel notiert.

2. Phase: Schreibphase
   Sechs Lernende tragen je drei Ideen/Lösungsvorschläge in die oberste Zeile ein; nach max. fünf Minuten Arbeitsblatt weiterreichen an den/die Nachbarn/-in – nächste Zeile ausfüllen usw. bis zur sechste Zeile (6 Teilnehmer schreiben in 3 Feldern je eine Idee und geben 5-mal das Blatt weiter).

3. Phase: Ideenauswahl und -weiterentwicklung
   Die Begriffe bilden die Grundlage für das weitere Vorgehen. Die vielen Ideen werden zusammengetragen und einige davon visualisiert. Es folgt ein Clustern oder weitere Arbeitsaufträge.

Kommentar

Durch den Rotationsrhythmus erfolgt eine gegenseitige Assoziation. Die vierte und fünfte Zeile enthalten meist die interessantesten Gedanken.

Brainwriting

1. Finden Sie drei Ideen zum gestellten Thema und schreiben Sie diese in die erste Reihe. Geben Sie dann dieses Blatt an Ihre(n) linke(n) Nachbar(in) weiter, der/die dann auf Ihrem Blatt die zweite Reihe mit seinen/ihren Ideen ausfüllt …

2. Jedes Blatt wird also fünfmal weitergegeben.

   Innerhalb von zwanzig Minuten soll Ihr Blatt wieder bei Ihnen sein.

Aufgabenstellung			
Person	Idee 1	Idee 2	Idee 3
1			
2			
3			
4			
5			

5

MindMapping

MindMapping ist eine gehirngerechte Kreativitätstechnik, die in den siebziger-Jahren von Tony Buzan erfunden worden ist. Mit MindMaps kann man visuelle „Landkarten" der Gedanken erstellen. Bei dem Erstellen einer MindMap arbeitet das Gehirn anders als bei herkömmlichen Notizen, was dann auch zu anderen und kreativeren Einfällen führt.

Grundregeln

- Das Papier wird im Querformat genutzt! In die Mitte der Seite wird ein einprägsames Bild gezeichnet oder Hauptthema genannt.

- Von dem zentralen Bild ausgehend wird für jeden tiefergehenden Gedanken bzw. Unterpunkt eine Linie gezeichnet.

- Auf diese Linien werden die einzelnen Schlüsselworte zu den Unterpunkten geschrieben. Diese Worte sollten in Druckbuchstaben eingetragen werden, um die Lesbarkeit und Einprägsamkeit der MindMap zu erhöhen (nur Wörter – keine ganzen Sätze).

- Von den eingezeichneten Linien können wiederum Linien ausgehen, auf denen die einzelnen Hauptgedanken weiter untergliedert werden. Von diesen weiterführenden Linien können wieder andere ausgehen, usw.

- Benutzen Sie unterschiedliche Farben, um die Übersichtlichkeit zu erhöhen. Gleichzeitig können beispielsweise auch zusammengehörende Gedanken und Ideen leicht durch Verwendung der gleichen Farbe verdeutlicht werden.

- Symbole wie z. B. Pfeile, geometrische Figuren, kleine Bilder, gemalte Ausrufe- oder Fragezeichen und selbst definierte Sinnbilder sind sooft wie möglich zu nutzen; sie erleichtern die Erfassung des Inhalts und können helfen, einzelne Bereiche abzugrenzen oder hervorzuheben.

- Bei kreativen Überlegungen sollte man sich nicht allzu lange damit beschäftigen, an welcher Stelle die MindMap ergänzt wird. Das stört nur den freien Gedankenfluss; schließlich kann man schneller denken als schreiben. Umstellungen können später immer noch in einer Neuzeichnung vorgenommen werden. Dieses Vorgehen hat außerdem den Vorteil, sich ein weiteres Mal mit der gemappten Thematik zu befassen. So kann der Inhalt besser erinnert und verstanden werden, und es besteht die Chance, den entscheidenden Gedanken gerade bei dieser Neugestaltung zu bekommen.

Checklistentechnik/Prüffragenkatalog

Die Checkliste ist eine Zusammenstellung von Fragen, mit denen versucht wird, alle Problemfelder des Istzustandes zu behandeln und systematisch Schwachstellen zu finden. Entscheidungsrelevante Merkmale werden als Frage formuliert und zu einem Katalog zusammengefasst. Bei der Zusammensetzung spielen sowohl die logische Betrachtung des Untersuchungsbereiches als auch die Erfahrungen aus der Praxis eine relevante Rolle.

Zwei Zielvorstellungen müssen bei der Erstellung beachtet werden. Zum einen sollen Schwachstellen und Mängel erkannt werden, zum anderen geläufige Lösungsmöglichkeiten des Untersuchungsbereichs untersucht werden. Für viele Aufgaben gibt es bereits Checklisten, die von Experten erstellt wurden und die dem Nutzer aufzeigen wollen, wie er eine Lösung für seine Aufgabe findet. Man findet sie im Internet, in Büchern oder Fachzeitschriften. Problem dabei ist, die richtige und passende Checkliste für die je eigene Aufgabe zu finden.

Checklisten dienen der Übersicht, dem Einstieg in eine neue Arbeitsaufgabe sowie einer strukturierten Vorgehensweise. Selten machen sie das „Selbst-Nachdenken" überflüssig. Erst in Kombination mit den eigenen Erfahrungen werden sie zu einem nützlichen Arbeitsinstrument.

Folgende Aspekte sind zu beachten:

1. Erstellen Sie eine Arbeits- bzw. Formatvorlage für Ihre Checklisten, die wichtige Informationen enthält wie: Name des Erstellers, Themenbereich, Thema, Datum der Erstellung oder Versionsnummer. Das Layout sollte ansprechend und übersichtlich sein.

2. Sammeln Sie so viele Aspekte wie möglich, die in der Checkliste für das jeweilige Thema aufgenommen werden können.

3. Sprechen Sie mit Experten zum Thema, sammeln Sie Informationen aus dem Internet, aus Fachbüchern oder aus bestehenden Checklisten.

4. Erstellen Sie Ihre eigene Checkliste. Achten Sie darauf, dass diese dem Nutzer genug Freiraum bieten, damit zu arbeiten.

5. Hilfreich sind Tabellen mit leeren Spalten, in die der Nutzer eigene Ideen oder seine spezifischen Aspekte eintragen kann.

6. Eine besondere Form sind „Erinnerungs-Checklisten" oder „Analyse-Checklisten": Hier werden viele Fragen gestellt, die der Nutzer mit Ja/Nein oder ähnlichen Kategorien beantwortet. Sie dienen dazu, dass alle wichtigen Aspekte berücksichtigt werden.

Markieren, Hervorheben und Exzerpieren

Um die Informationen eines Textes genau zu erfassen, können Sie verschiedene Arbeitstechniken zur Markierung und Hervorhebung einsetzen.

Mit **Unterstreichungen** können schon bei der ersten Lektüre eines Textes wichtige Gesichtspunkte hervorgehoben werden. Allerdings müssen Sie sich vor zeilenweisem Unterstreichen hüten. Stattdessen ist ein Längsstrich am Rand des Textes angebracht, wenn man längere Passagen als zwei Zeilen kennzeichnen will. Im zweiten Lektüredurchgang können dann bei genauerer Textkenntnis einzelne Begriffe und Wendungen in dem so markierten Abschnitt hervorgehoben werden.

Mit **Markierungen** am Rand, innerhalb eines Textes und kurzen Randkommentaren verschafft man sich den nötigen Überblick über einen Text.

Ziel ist es, die **Schlüsselbegriffe** eines Textes zu erfassen, die Hauptthesen des Textes zu erkennen und den gedanklichen Aufbau herauszuarbeiten.

Im Prinzip sollte es möglich sein, mit den markierten Stellen den Text kurz zusammenzufassen. Fehlen zur Logik Punkte, wurde unvollständig markiert!

Randmarkierungen	Markierungen innerhalb des Textes	Randkommentare
/ wichtig	einkreisen	Th (These)
// sehr wichtig	einkästeln	Arg (Argument)
! erstaunlich	unterstreichen	Def (Definition
? fragwürdig	Wellenlinien	Log (Logik)
+ gut	farbige Markierungen mit farblicher	Bsp (Beispiel)
– schlecht	Unterscheidung	

Beim anschließenden **Exzerpieren** werden längere Textpassagen mit eigenen Worten zusammengefasst und/oder auszugsweise wörtlich übernommen. Wenn Texte unter einer bestimmten Fragestellung exzerpiert werden, muss die gedankliche Struktur und der Argumentationszusammenhang des Ausgangstextes erhalten bleiben.

Strukturieren und Visualisieren

Um sich das Strukturieren der Texte, einzelner Textpassagen oder Sinnabschnitte zu erleichtern, können Sie z. B. grafische Strukturierungshilfen nutzen. Listen Sie dazu zunächst alle Textelemente, die Sie in eine Struktur bringen möchten auf und bringen Sie sie in einem nächsten Schritt in eine räumliche Ordnung zueinander. Das kann durch typografische bzw. durch grafische Mittel geschehen.

Zu den **typografischen** Mitteln zählen Absätze, mehrspaltiger Text, Nummerierung und Aufzählung. **Grafische** Mittel (Visualisierungen) bieten sich an, um Texte und Textinhalte zu ordnen, Verbindungen zu erkennen und Zusammenhänge herzustellen. Visualisierungen können Symbole, Bilder, Piktogramme, Zeichnungen, Organigramme, Diagramme, Tabellen oder Skizzen sein. Eine besondere Form ist das MindMap.

Wählen Sie die für Sie passende Methode aus; Ihrer Kreativität sind dabei keine Grenzen gesetzt, – und es darf Spaß machen!

Piktogramme und Bilder

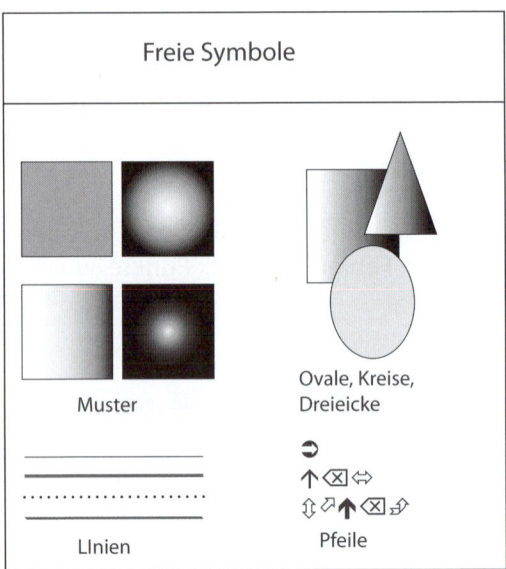

Freie Symbole

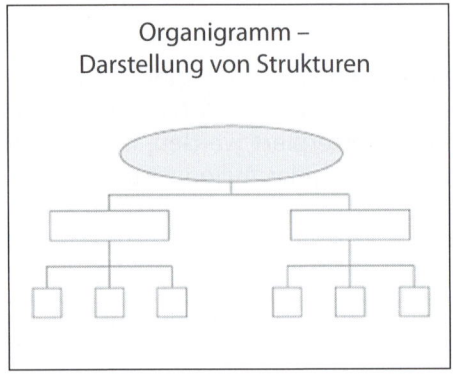

Organigramm – Darstellung von Strukturen

Plakate und Flipcharts gestalten

Flipcharts und Plakate stehen während der gesamten Stunde bzw. Unterrichtseinheit zur Verfügung. Sie sind ein Dauermedium – also als Ankerpunkt für das Auge anzusehen. Sie eignen sich für Regeln, Übersichten oder als Leitfaden. Sie können vorbereitet oder während des Vortrages entwickelt werden.

Regeln für die Flipchart- und Plakatgestaltung

- Flipcharts sind nur bis zu einem Abstand von sechs Metern lesbar.

- Die Schriftgröße muss mindestens fünf Zentimeter betragen.

- Verschiedene Farben (max. vier) verwenden. Eine Grundfarbe und die restlichen Farben für Betonungen.

- Spezielle Flipchartstifte verwenden.

- Auf dem Flipchart wird immer mit dicken Stiften geschrieben.

- Druckschrift verwenden, da sie am besten lesbar ist.

- Das Flipchart darf nicht voll beschrieben sein. Es sollen unbeschriebene Flächen auf dem Plakat erhalten bleiben.

- Flipcharts sollen so knapp wie möglich gehalten werden. Sie sollen eine klare, erkennbare Struktur aufweisen. Die Zusammenhänge sind durch Über- und Unterordnungen klar erkennbar zu machen.

- Besonders gut bleiben Flipcharts im Gedächtnis, wenn sie Merkanker und optische Auflockerungen enthalten:
  - Skalen (um die Einschätzungen sichtbar zu machen)
  - Koordinaten-Einschätzungen durch einen Punkt
  - Listen (Ideen- und Problemsammlung gewichten)
  - Tabellen (Beziehungen und Verknüpfungen herstellen)
  - Bäume (Über- und Unterordnung)
  - Netze (komplexe Zusammenhänge überschaubar machen)

Einsatzmöglichkeiten

- Unterstützung eines Vortrags durch Notizen
- Präsentation von vorbereiteten Texten
- Dokumentation von Beiträgen und Fragen von Teilnehmenden
- Dokumentation der Arbeitsergebnisse von Kleingruppen
- Aufreihung der Flipcharts an der Wand, um den Seminarablauf zu dokumentieren

Overheadfolien gestalten

Vor der Präsentation die Funktionstüchtigkeit des Overheadprojektors ausprobieren. Standort: Das Gerät nicht in der Mitte des Raumes platzieren, sondern in der fensterfernen Ecke des Raumes. Neben dem Projektor sollen Ablageflächen für die Unterlagen des Referenten vorgesehen sein. Eine Verdunkelung des Raumes ist nicht erforderlich.

Regeln für die Foliengestaltung

- Die Zuhörer benötigen einige Zeit (ca. zehn Sekunden), um die Folie zu betrachten. Während dieser Zeit hören sie nicht zu. Für die Erklärung benötigen Sie aber die Aufmerksamkeit der Zuhörer. Aus diesem Grund wird erst dann weitergesprochen, wenn sie die Folie gelesen haben. Der Text der Folie soll nicht wortwörtlich vorgelesen werden, da jeder Zuhörer selbst lesen kann.

- Die Zuhörer sollen die Folien nicht abschreiben. Nach dem Vortrag bekommen sie die zusammengefasste Präsentation als Unterlage.

- Ihre Mitschüler(innen) betrachten die Folie wesentlich länger, als sie über die gesprochenen Sätze nachdenken. Daher wiegen Fehler bei der Foliengestaltung wesentlich schwerer.

- **Weniger ist mehr.** Es sollen nur wenige Folien verwendet werden. Nur die wichtigsten Aussagen werden visualisiert.

- Auch für die Folie selbst gilt „Weniger ist mehr". Die Folie enthält nur wenige Aussagen, sie müssen aber übersichtlich gestaltet und gut lesbar sein. Die Folie soll das Verstehen der Inhalte erleichtern und nicht selbst Erklärungsbedarf benötigen.

- **Bild schlägt Text.** Wie schon erwähnt, sagt ein Bild mehr als tausend Worte. Die verwendeten Bilder müssen aber mit den Aussagen der Folie im Zusammenhang stehen.

- **Farben beleben.** Die Verwendung von Folien, die nur mit einer Farbe beschrieben sind, ist zu vermeiden. Für identische Aussagen sollen immer die gleichen Farben verwendet werden. Mehr als fünf Farben sollten aber nicht benutzt werden (schwarz und weiß zählen als Farben mit).

- **Schriftgröße.** Für gleiche Textarten immer die gleiche Textgröße verwenden (Überschrift, Zwischenüberschrift, Unterpunkte, Text …). Als Faustregel gilt, dass die Folie ohne Projektor aus zwei Meter Entfernung noch lesbar sein muss. Bei handschriftlichen Folien soll die Schrift mindestens einen cm groß geschrieben werden. Bei computererstellten Folien mindestens Schriftgröße sechzehn Punkte, Fettdruck und eine serifenlose Schrift (z. B. Arial, Helvetica) verwenden (Überschriften = vierundzwanzig Punkte, Zwischenüberschriften = zwanzig Punkte).

Präsentationen vorbereiten

PowerPoint-Bildschirm 2003

6

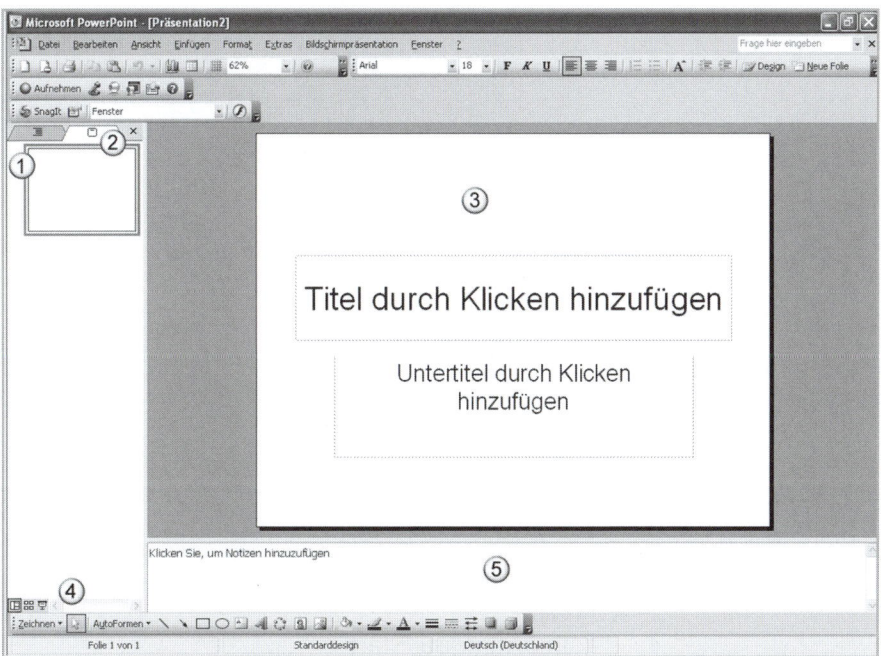

1.	Registerkarte Gliederung	4.	Ansicht-Schaltflächen
2.	Registerkarte Folie	5.	Notizfenster
3.	Folienfenster		

PowerPoint-Bildschirm 2010

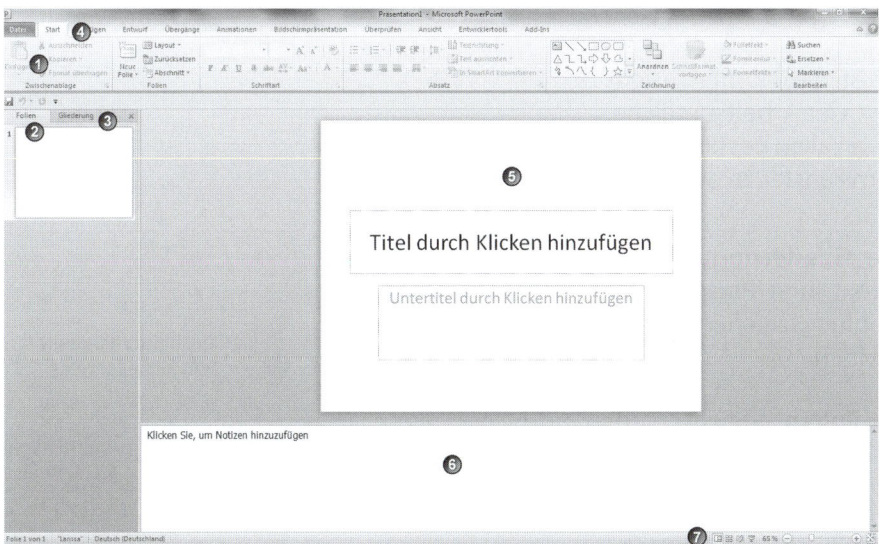

1.	Menüband	5.	Folienfenster
2.	Registerkarte Folie	6.	Notizfenster
3.	Registerkarte Gliederung	7.	Ansicht-Schaltflächen
4.	Registerkarte Start		

6

PowerPoint-Bildschirm 2016

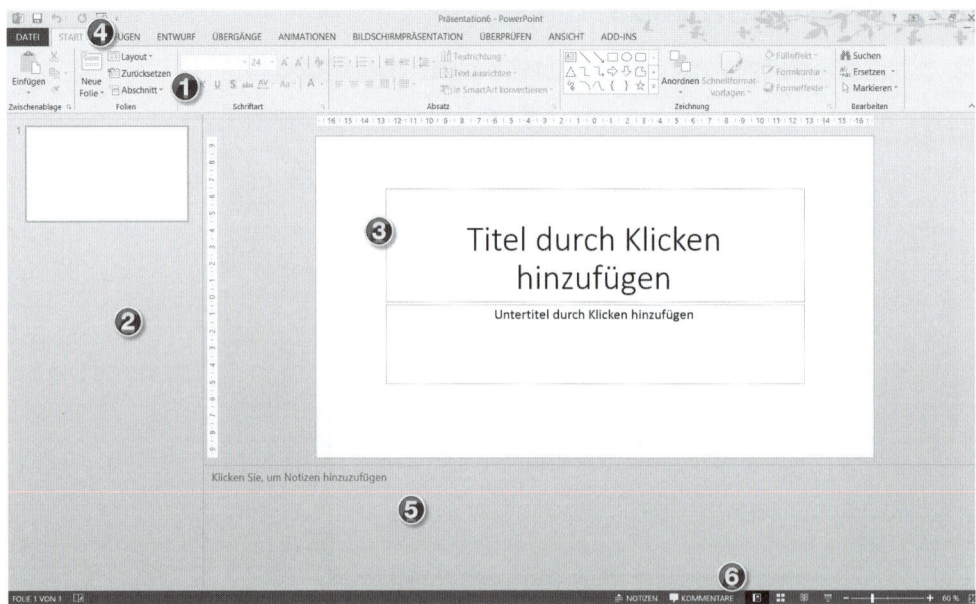

1.	Menüband	4.	Registerkarte Start
2.	Folienübericht	5.	Notizfenster
3.	Folienfenster	6.	Ansicht-Schaltflächen/Zoom

Folienansichten

Für die Folienerstellung ist die Normalansicht die wichtigste. Sie umfasst vier Arbeitsbereiche, die es Ihnen ermöglichen, an allen Bestandteilen Ihrer Präsentation in einem Fenster zu arbeiten.

- In der Registerkarte **Gliederung** können Sie den gesamten Text Ihrer Präsentation eingeben und Aufzählungszeichen, Absätze sowie Folien anordnen.

- In der Registerkarte **Folien** erleichtert Ihnen die Miniaturansicht der Folien die Navigation durch die Präsentation.

- Im **Folienfenster** sehen Sie, wie Ihre Folie aussieht.

- Das **Notizfenster** ermöglicht Ihnen das Einfügen von Notizen, die Sie Ihrem Publikum mitteilen möchten.

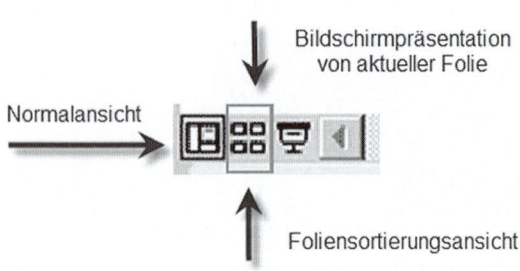

Neue Präsentation

6

PowerPoint 2003

Klicken Sie auf **Datei – Neu**, um eine leere Präsentation zu starten.

Über **Installiert Designs** erstellen Sie eine neue Präsentation mit den grafischen Elementen einer Designvorlage.

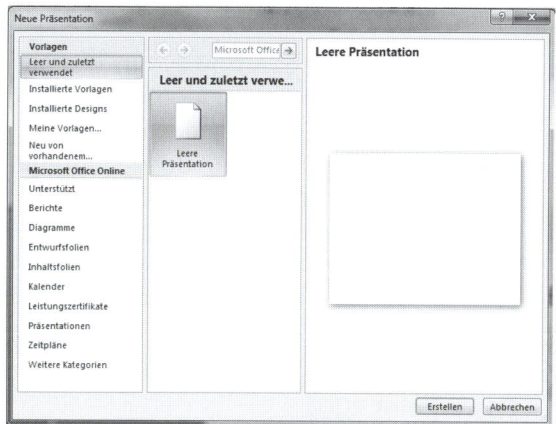

PowerPoint 2007/2016

Wählen Sie unter der Office-Schaltfläche/der Registerkarte **Datei** den Eintrag **Neu**. Damit starten Sie das Dialogfeld **Neue Präsentation**. Um eine leere Präsentation ohne grafische Hintergrundelemente zu erstellen, wählen Sie in den Vorlagen **Leere Präsentation**.

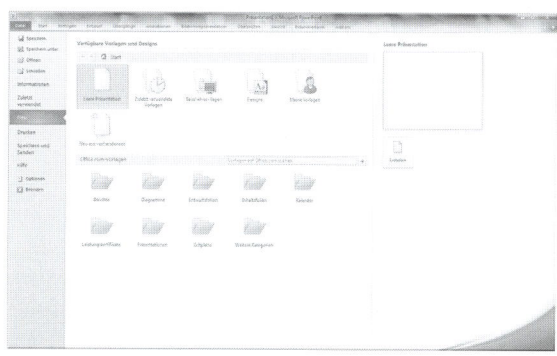

Entwurfsvorlagen

PowerPoint bietet vielfältige Entwurfsvorlagen für das Design von Folien an. Über die Registerkarte **Entwurf** – Gruppe **Designs** zeigen Sie mit der Maus auf eine der Miniaturansichten. PowerPoint zeigt in einer Live-Vorschau die Folie mit dem ausgewählten Design. Erst per Mausklick wird das Design auf die Präsentation übernommen.

Ein Design sollte der gesamten Präsentation zugewiesen werden und nicht nur der aktuellen Folie.

Firmeneigene Designvorlagen

In Unternehmen gibt es häufig firmeneigene Designvorlagen sowie Gestaltungsrichtlinien für den Einsatz von Schrift, Layout und Farbe, die Sie beim Erstellen von Präsentationen beachten müssen.

Über **Neu aus Vorhandenem** wählen Sie eine vorhandene Präsentation aus, um das Design der bereits erstellten Folien in die neue Präsentation zu übernehmen.

6

Neue Folien erstellen

Jede Präsentation besteht aus einzelnen Folien. PowerPoint bietet Ihnen für jede mögliche Anforderung Folienarten an.

Durch die Wahl eines Auto-Layouts werden einer Folie die Platzhalter zum Eingeben von Text und Einfügen von Objekten zugewiesen. Durch Klicken in die Platzhalter kann der gewünschte Text eingegeben werden. Nicht erwünschte Platzhalter sollten markiert und mit der Entfernungstaste gelöscht werden. Mit Ziehpunkten können Sie die Platzhalter vergrößern oder verkleinern.

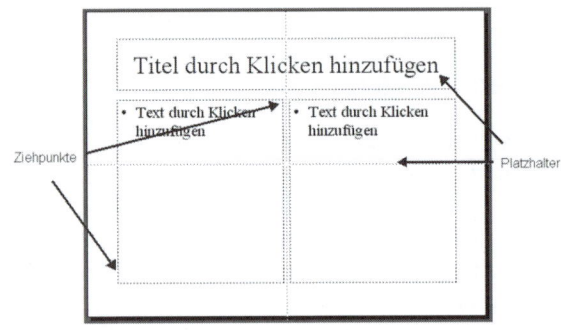

PowerPoint 2003

Weitere Folien können Sie über das Menü **Einfügen – Neue Folie** erstellen. Mithilfe des Aufgabenbereichs Folienlayout können Sie ein Auto-Layout wählen; das Programm erstellt dann die entsprechende Folie.

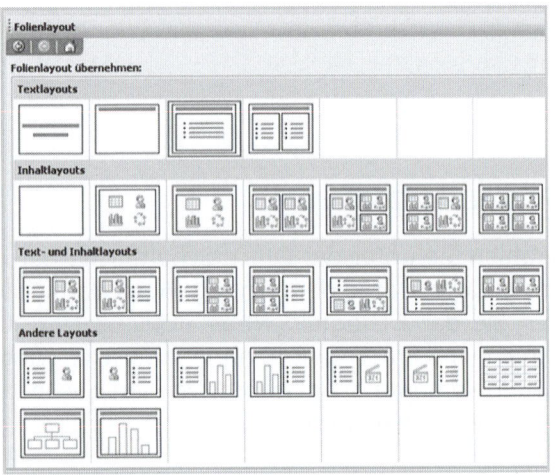

PowerPoint 2007/2016

Weitere Folien können Sie über die Registerkarte **Start** – Gruppe **Folien** – **Neue Folie** erstellen.

Verschiedene Layoutmöglichkeiten der Folien können Sie unter der Registerkarte **Start** – Gruppe **Folie** – **Layout** auswählen.

Neue Folien

Weitere Folien können Sie über die Schaltfläche **Neue Folie** erstellen.

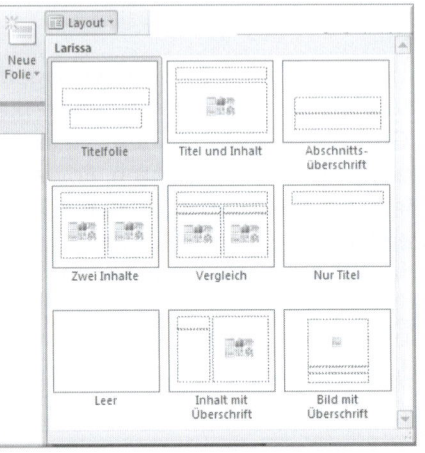

Fußzeile einfügen

Über **Einfügen** – **Kopf- und Fußzeile** werden Datum, Foliennummer und Fußzeile eingefügt. Auf der Titelfolie wird die Fußzeile nicht angezeigt. In der Masterfolienansicht können Sie die Position und Schriftgröße und -farbe bestimmen.

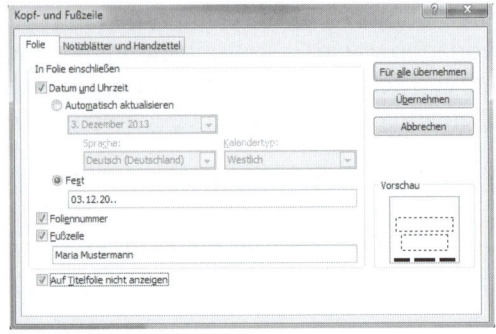

Masterfolie erstellen

Grundlage eines jeden Designs der Folien ist die Masterfolie – eine neue Folie bekommt als Grunddesign das der zugewiesenen Masterfolie. Dadurch ist es einfach, eine Serie von Folien im einheitlichen Design anzulegen. Ein Masterfoliendesign beinhaltet: die auf der Folie vorhandenen Objekte (Textfelder, Bilder, Linien ...), die Eigenschaften der auf der Folie vorhandenen Objekte (Farben, Linienstärken, Zeichen- und Absatzformatierungen ...).

Auf den Masterfolien hinzugefügte Texte erscheinen nicht auf den Folien, sondern sind nur Platzhalter, um beim Entwurf einen Eindruck vom Aussehen der Schrift zu bekommen.

PowerPoint 2003

Um eine eigene Masterfolie komplett neu zu erstellen, gehen Sie über **Ansicht – Master – Folienmaster** oder über den entsprechenden Button der Folienmaster-Symbolleiste (wird automatisch angezeigt, wenn Sie in die Masterfolienansicht kommen).

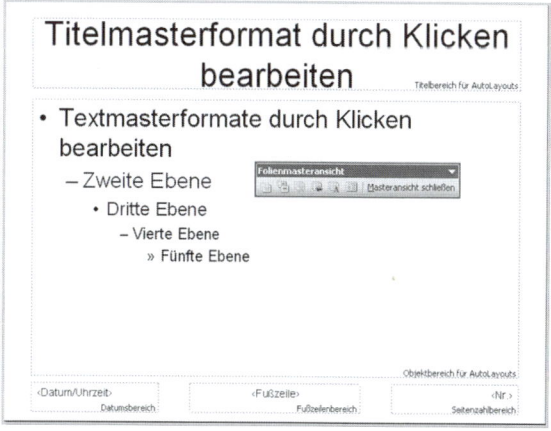

PowerPoint 2007/2016

Um eine eigene Masterfolie komplett neu zu erstellen, gehen Sie über **Ansicht** – Gruppe **Masteransicht – Folienmaster**. PowerPoint wechselt in die Folienmasteransicht und blendet die zugehörige Registerkarte ein.

Masteransicht schließen

Um zu den eigentlichen Folien zurückzukommen, klicken Sie auf den Button **Masteransicht schließen**.

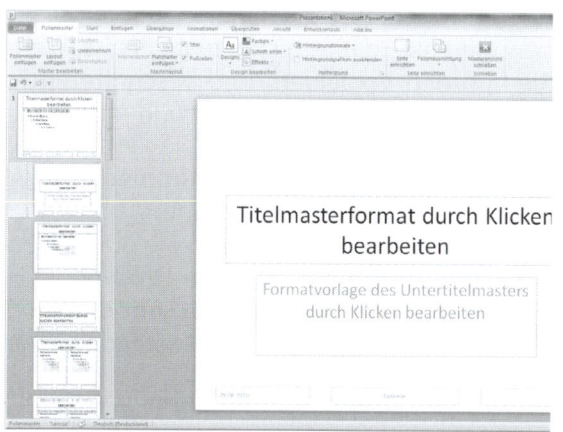

Die abgeänderten Vorlagen speichern Sie unter der Registerkarte **Ansicht** – Registerkarte **Folienmaster** – **Design bearbeiten** – **Aktuelles Design speichern**.

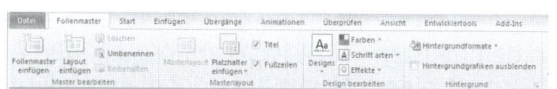

Ihr eigenes Foliendesign finden Sie unter der Registerkarte **Ansicht** – **Design bearbeiten** – **Design** – **Benutzerdefiniert**.

6

Folienmaster einrichten

Schriftformate für alle Folien ändern

Wählen Sie dazu im Menü **Ansicht** die Befehlsfolge **Master – Folienmaster**. Markieren Sie die Platzhalter, deren Schriftart Sie ändern möchten, und weisen Sie über **Format – Zeichen** oder über die Format-Symbolleiste die gewünschte Schriftart zu.

PowerPoint 2007/2016

Wählen Sie dazu die Registerkarte **Ansicht – Masteransichten – Folienmaster**. Markieren Sie die Platzhalter, deren Schriftart Sie ändern möchten, und weisen Sie auf der Registerkarte **Start – Schriftart** die gewünschte Schriftart zu.

Aufzählung. Im Platzhalter für Aufzählungstext können Sie auf diese Weise jede der fünf Ebenen individuell formatieren. Auf dem gleichen Weg können Sie auch die Schriftgröße oder -farbe sowie den Schriftschnitt (fett, kursiv) folienübergreifend ändern.

Schrift für Textfelder/Formen definieren. Auch die Schriftformate für frei gezeichnete Textfelder und für beschriftete Formen können Sie gleich hier im Folienmaster definieren. Klicken Sie neben die Folie, damit nichts markiert ist. Weisen Sie nun den Textfeldern und beschrifteten Formen die gewünschte Schriftart und -größe zu.

Abstände und Einzüge bestimmen. Die Abstände zwischen den Zeilen eines Absatzes und zwischen den Absätzen stellen Sie über **Format – Zeilenabstand** ein. Mit den Drop-down-Feldern im Dialogfeld **Zeilenabstand** können Sie den Zeilenabstand sowie die Abstände vor und nach einem Absatz definieren.

Absatzabstände sind die Leerräume vor oder nach einem Absatz. Voreingestellt sind 0,2 Zeilen vor einem Absatz und kein Abstand danach. Die Abstände davor und danach addieren sich. In den meisten Fällen ist es am besten, den Abstand vor einem Absatz auf 0,5 Zeilen zu vergrößern und den Abstand danach bei 0 Zeilen zu belassen.

Schließen Sie nun die **Masteransicht**.

Präsentationen gestalten (LA 3.3)

Textfelder einfügen

Zusätzliche Textfelder lassen sich über das Menü/ die Registerkarte **Einfügen (– Text) – Textfeld** erstellen. Wie bei jedem Objekt lassen sich über dessen Kontextmenü diverse Einstellungen zur Formatierung vornehmen. Die Formatierungen eines markierten Objekts erreichen Sie auch über das Kontextmenü.

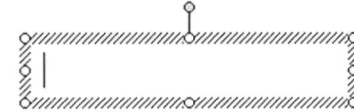

Größe und Position der Textfelder

Die Textfelder (allgemein Objekte) lassen sich markieren: Klicken Sie dazu auf den Rand des Textfeldes. Angewählte Textfelder tragen einen grauen Rahmen. Markierte Objekte lassen sich frei durch Drag & Drop verschieben und skalieren. Drag & Drop = mit linker Maustaste greifen, bei gedrückter Maustaste ziehen (engl. drag), linke Maustaste loslassen (engl. drop). An den Eckpunkten lässt sich Höhe und Breite einstellen, an den Mittelpunkten der Seitenlinien jeweils nur die Höhe bzw. nur die Breite. Zum Positionieren das Objekt mit der Maus am grauen Markierungsrand greifen und verschieben. Geringe Positionsänderungen lassen sich meist besser mit der Tastatur statt mit der Maus vornehmen. Die Strg-Taste + die Cursortasten verschieben das markierte Objekt pixelgenau.

Textumbruch

Wenn der Text den rechten Rand eines Platzhalters erreicht, schaltet PowerPoint automatisch in die nächste Zeile. Es entsteht ein Zeilenumbruch. Brechen Sie den Text dagegen manuell um, entsteht ein neuer Absatz – in der Regel hat eine Absatzschaltung einen größeren Abstand.

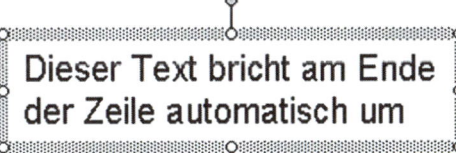

Dieser Text bricht am Ende der Zeile automatisch um

- Manuelle Absatzschaltung = ENTER

- Geschützte Absatzschaltung = SHIFT + ENTER

Silbentrennung

Eine automatische Silbentrennung wird in Power-Point nicht unterstützt. Text mit Silbentrennung ist in einer Präsentation schlecht lesbar. Setzen Sie die manuelle Silbentrennung nur in Ausnahmefällen ein. Spätere Änderungen am Text führen nämlich dazu, dass der Trennstrich mitten in der Zeile steht.

6

Nummerierung und Aufzählung

Absätze in Textfeldern können automatisch nummeriert oder mit Aufzählungszeichen versehen werden. Die Aufzählungszeichen und die Art der Nummerierung können Sie selbst einstellen.

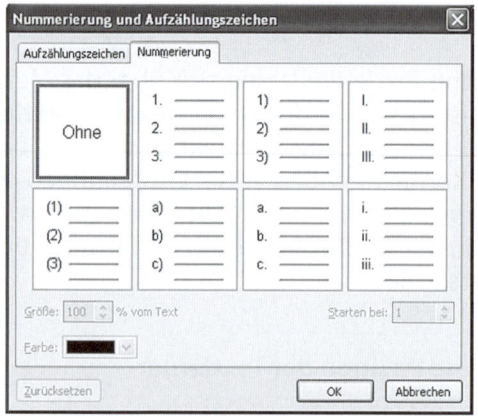

PowerPoint 2003

Gehen Sie auf das Menü **Format – Nummerierung und Aufzählungszeichen**.

Bei den Aufzählungszeichen können neben den Vorgaben von PowerPoint auch eigene Zeichen festgelegt werden.

Klicken Sie unter **Nummerierung und Aufzählung** auf **Benutzerdefiniert**. Es öffnet sich das Dialogfeld **Symbol**.

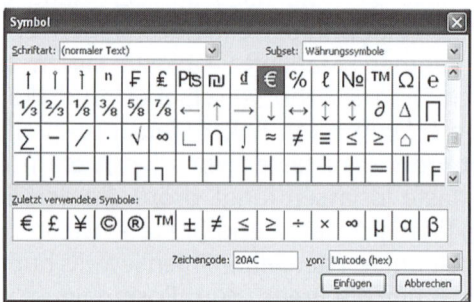

PowerPoint 2007/2016

Unter der Registerkarte **Start** – Gruppe **Absatz** – **Nummerierung** oder **Aufzählung** finden Sie auch den **Katalog für Bilder und Symbole**.

Hier können Sie aus verschiedenen Schriftarten Symbole aussuchen und später farbig gestalten.

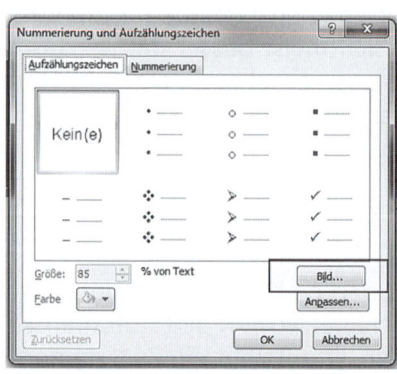

Sind nur wenige Aussagen vorhanden, kann jede von ihnen durch ein passendes Bild als „Bullet" aufgewertet werden. Allerdings erfordert das Suchen von geeigneten Bildern mehr Zeit, aber bei wichtigen Folien ist dies ein Aufwand, der sich durchaus lohnt.

Wenn Sie die Aufzählungszeichen auf einer Folie ändern, gelten die Änderungen nur für diese Folie. Möchten Sie die Aufzählungszeichen für alle Folien ändern, so müssen Sie dies auf dem Folienmaster tun.

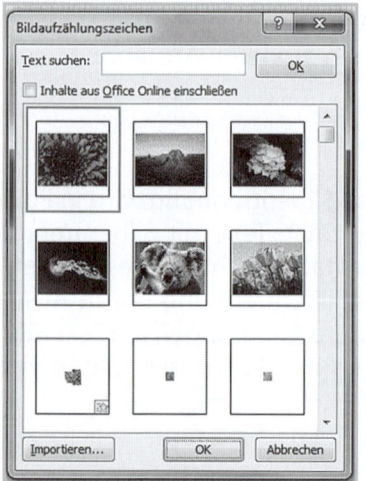

6

Grafik und ClipArt

Verwenden Sie in PowerPoint nach Möglichkeit Bilder in Formaten .jpg, .png, oder .gif. Diese Formate benötigen vergleichsweise wenig Speicherplatz und halten die Dateigröße der PowerPoint-Präsentation in einem angemessenen Rahmen.

PowerPoint 2003

Wählen Sie im Menü **Einfügen – Grafik – ClipArt**. Geben Sie im Aufgabenbereich ClipArt im Textfeld **Suchen nach** einen Begriff ein und bestätigen Sie durch einen Klick auf die Schaltfläche **OK**.

Grafik bearbeiten

In begrenztem Maße bietet die Grafik-Symbolleiste (Menüleiste: Ansicht – Symbolleisten – Grafik) die Möglichkeit, Bilder in PowerPoint zu bearbeiten.

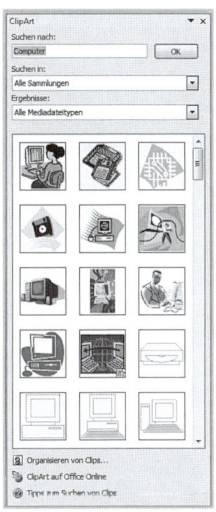

- Beim **Rahmen** müssen Sie lediglich wissen, dass sich das Liniensymbol auf der Grafik-Symbolleiste auf den Rahmen bezieht. Mit der Entscheidung für eine bestimmte Linie wählen Sie also zugleich einen Rahmen aus.

- Das **Zuschneide-Werkzeug** ist hilfreich, wenn Sie unschöne Ränder von Bildern ausblenden wollen.

- Mit dem **Transparenz-Werkzeug** können Sie den Hintergrund einer GIF-Grafik transparent gestalten. Das bedeutet, wenn Sie ein transparentes GIF in eine gelbe Tabellenzelle einfügen, wird der Hintergrund der Grafik gelb.

PowerPoint 2007/2016

Wählen Sie in der Registerkarte **Einfügen** – Gruppe **Illustrationen** oder Gruppe **Bilder** – die entsprechenden Grafiken oder Formen. Geben Sie im Aufgabenbereich ClipArt im Textfeld **Suchen nach** einen Suchbegriff ein, im Feld **Suchen in** wählen Sie die Quelle. Unter den angezeigten Abbildungen wählen Sie ein Motiv aus und fügen es per Doppelklick auf der Folie ein.

Nachdem Sie ein ClipArt oder eine Grafik eingefügt haben, wechseln Sie auf die Registerkarte **Format/Bildtools**. Dort haben Sie eine große Auswahl, Ihr ausgewähltes Bild zu bearbeiten.

Kostenlose Bildarchive

Im Internet finden Sie u. a. die kostenlose Bilddatenbank „www.pixelio.de" mit über dreißigtausend lizenzfreien Fotos, die Sie auch für kommerzielle Zwecke nutzen können. Sie dürfen diese Bilder weiterverarbeiten und praktisch beliebig einsetzen. Ebenso können Sie unter „www.photocase.de" zahlreiche Bilder, die nach verschiedenen Haupt- und Unterkategorien geordnet sind, für Ihre Präsentationen nutzen.

6

Foliendesign

PowerPoint bietet vielfältige Entwurfsvorlagen (*.pot) für das Design von Folien an.

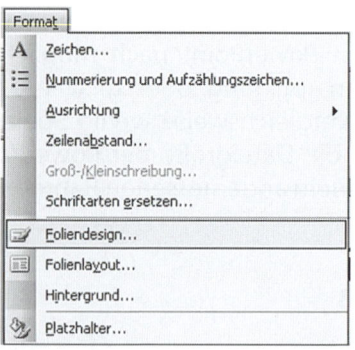

PowerPoint 2003

Über den Menüpunkt **Format – Foliendesign** können die Entwurfsvorlagen im Aufgabenbereich in der Vorschau betrachtet und den Folien zugewiesen werden.

Um eine Entwurfsvorlage auf alle Folien anzuwenden, klicken Sie auf die gewünschte Vorlage oder handeln Sie wie in der Abbildung. Um eine Vorlage auf eine einzelne Folie anzuwenden, markieren Sie das Miniaturbild auf der Registerkarte „Folien". Rufen Sie im Aufgabenbereich das Kontextmenü zur gewünschten Vorlage auf und klicken Sie dann auf **Für ausgewählte Folien übernehmen**.

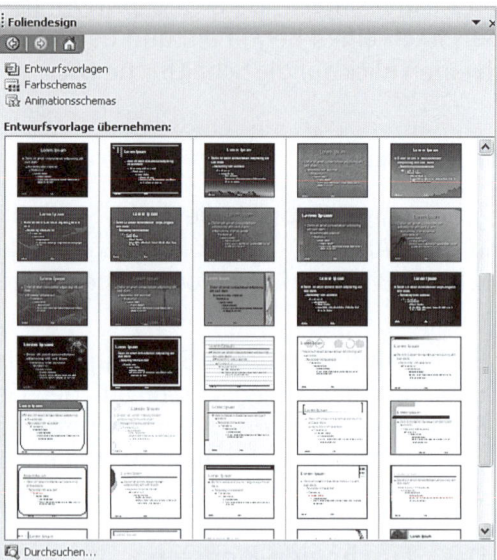

PowerPoint 2007/2016

Über die Registerkarte **Entwurf** – Gruppe **Design** können die Entwurfsvorlagen in der Vorschau betrachtet und den Folien zugewiesen werden.

Durch Zuweisen des Designs lassen sich die Farben, Schriftarten und Effekte aller Folien einer Präsentation mit einem Mausklick verändern.

Um eine Vorlage auf eine einzelne Folie anzuwenden, markieren Sie das Miniaturbild, öffnen das Kontextmenü (rechte Maustaste) und bestätigen **Für ausgewählte Folien übernehmen**.

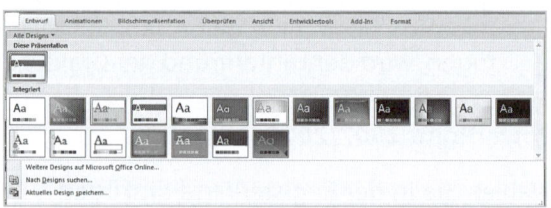

6

Zeichnen in PowerPoint

In den meisten Präsentationen überwiegen Textfolien. Ein Vortrag, der vorwiegend aus Text besteht, kann schnell langweilig wirken. „Beleben" Sie daher Ihre Folien mit Schaubildern. Haben Sie Mut zu kreativen Darstellungsweisen.

PowerPoint 2003

In der Zeichnenleiste finden Sie unter **AutoFormen** die unterschiedlichsten Möglichkeiten, Ihre Folien zu gestalten: Einfach mit der Maus auf die gewünschte Form klicken. Es erscheint am Mauszeiger ein kleines Kreuz. Anschließend die Form in die entsprechende Größe ziehen.

Verwenden Sie für gleiche Sachverhalte gleiche Gestaltungsmerkmale (Formen, Farben, Symbole etc.).

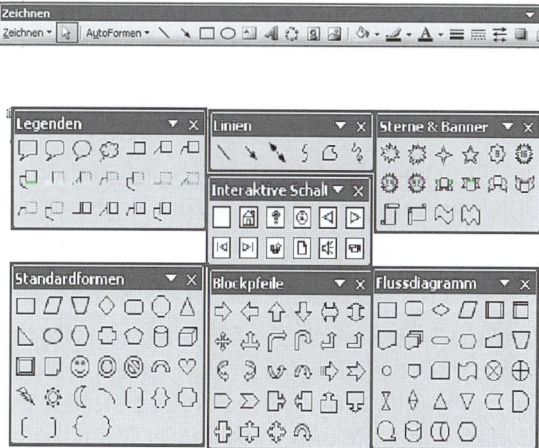

PowerPoint 2007/2016

Unter der Registerkarte **Einfügen** – Gruppe **Illustrationen** – **Formen** finden Sie viele Möglichkeiten für die Gestaltung Ihrer Folien. Sobald auf der Folie eine Form markiert ist, wird die Registerkarte **Format der Zeichentools** mit Befehlen zum Formatieren und Anordnen von Formen eingeblendet. Auf Ihrer linken Seite haben Sie direkten Zugriff auf den Formenkatalog.

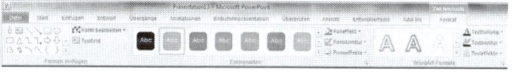

Formen beschriften

Markieren Sie Ihre Form, drücken Sie die rechte Maustaste und klicken Sie auf **Text bearbeiten**.

Gestaltung

6

Tipps und Tricks zum Zeichnen

Die Shift-Taste bewirkt, dass Objekte in Höhe und Breite die gleichen Maße erhalten. Rechtecke werden zu Quadraten, Ellipsen zu Kreisen etc. Beim Zeichnen von Linien erreichen Sie durch Festhalten der Shift-Taste, dass sich der Winkel der Linie in Fünfzehn-Grad-Schritten ändert. Nachdem Objekte gezeichnet wurden, bewirkt die gedrückte Shift-Taste, dass Sie mehrere Objekte zu einer Markierung hinzufügen können. Klicken Sie auf die rechte Maustaste, dann können Sie die Objekte zu einem Objekt gruppieren.

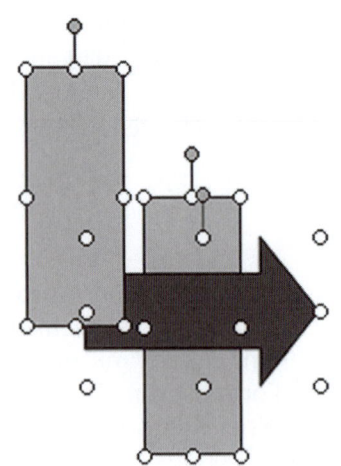

Das Drücken der Shift-Taste beim Ziehen von Objekten mit der Maus hat zum Ergebnis, dass die Objekte genau horizontal oder vertikal bewegt werden.

Die Strg-Taste sorgt beim Zeichnen von Objekten dafür, dass Sie diese nicht von einem Eckpunkt her, sondern aus der Mitte heraus erstellen. Beim Ziehen von Objekten mithilfe der Maus können Sie durch das gleichzeitige Festhalten der Strg-Taste erreichen, dass eine Kopie des Objekts erstellt wird. Halten Sie beim Ziehen von Objekten mit der Maus gleichzeitig Strg- und Shift-Taste gedrückt, stellen Sie eine Kopie vom Original her, die vertikal in der gleichen Flucht bzw. horizontal auf gleicher Höhe liegt.

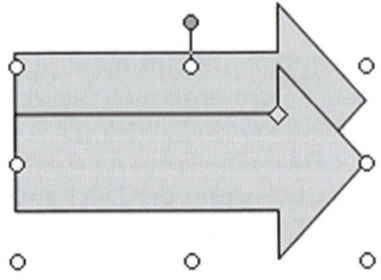

Duplizieren Sie ein Objekt mit Strg + Shift und verschieben anschließend die Position des Duplikats gegenüber dem Original, wird beim Erstellen weiterer Duplikate diese Verschiebung relativ übernommen. Den Verlauf einer gewinkelten Verbindungslinie beeinflussen Sie, indem Sie an der gelben Raute ziehen.

Verdeckte Objekte auf einer Folie auswählen (markieren)

Klicken Sie auf eine Fläche außerhalb der Folie. Betätigen Sie nun einmal die Tab-Taste. Daraufhin wird ein Objekt markiert, egal in welcher Ebene es liegt. Drücken Sie ein weiteres Mal die Tab-Taste, und das nächste Objekt wird markiert. Auf diese Weise können Sie auf einer Folie nacheinander die Objekte markieren. Wenn Sie einmal zu schnell auf der Tab-Taste sind und das gewünschte Objekt übersprungen haben, legen Sie mit Shift + Tab den Rückwärtsgang ein.

Tabelle

PowerPoint 2003

Fügen Sie über **Einfügen – Neue Folie** eine neue Folie mit einem Tabellenfeld ein.

PowerPoint 2007/2016

Gehen Sie auf die Registerkarte **Start** – Gruppe **Folie – Neue Folie**.

Mit einem Doppelklick auf den Tabellenrahmen wird das **Tabellentool MS Word** gestartet. Stellen Sie die gewünschte Spalten- und Zeilenzahl ein und bestätigen Sie diese.

Gleichzeitig erscheinen zwei zusätzliche Registerkarten für **Tabellentools** (**Entwurf** und **Layout**) für die Arbeit mit Tabellen. Markieren Sie die entsprechenden Zellen und klicken Sie auf das gewünschte Formatsymbol, um Ihre gewünschte Formatierung durchzuführen.

Diagramm

Es gibt sehr viele Funktionen und Optionen, mit denen Sie Ihr Diagramm gestalten können. Doch bedenken Sie: Weniger ist mehr! Mit einem Diagramm wollen Sie Zusammenhänge erkennbar machen, die aus den nackten Zahlen nicht zu ersehen sind. Erschweren Sie diesen Prozess nicht durch hemmungsloses Formatieren.

Diagramm einfügen

Mit PowerPoint lassen sich sehr brauchbare Diagramme ruckzuck erstellen. Dafür ist eigens eine Art Mini-Excel in das Programm integriert.

PowerPoint 2003

Sie erstellen ein einfaches Balkendiagramm, indem Sie über das Menü – **Einfügen – Diagramm** gehen.

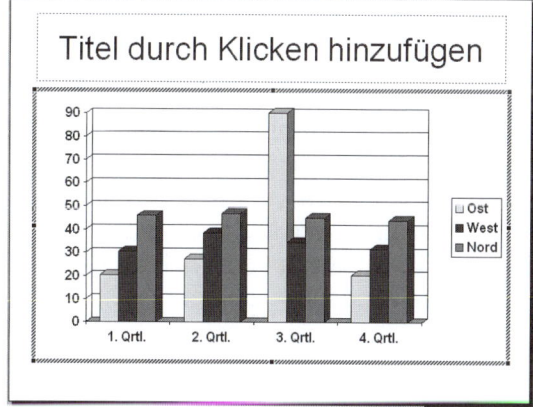

6

PowerPoint 2007/2016

Sie erstellen ein einfaches Balkendiagramm, indem Sie über die Registerkarte **Einfügen** – Gruppe **Illustrationen** – **Diagramm** gehen.

Automatisch wird nun ein vorgegebenes Diagramm mit dazugehörigem Datenblatt eingeblendet, das Sie für Ihre Zwecke verändern können.

Das Datenblatt lässt sich wie von Excel gewohnt bearbeiten. Die Daten werden entsprechend ausgetauscht. Sie können die Zeilen- und Spaltendaten gemäß Ihrer Vorstellung verändern. Ganze Zeilen oder Spalten entfernen Sie, indem Sie auf den Zeilen- oder Spaltenkopf mit der rechten Maustaste klicken und im Kontextmenü **Zellen löschen** auswählen. Achten Sie darauf, dass das Diagramm die Daten der Tabelle „nach Zeile" oder „nach Spalte" darstellt, also dass die Datenpunkte aus den einzelnen Werten der Zeilen oder Spalten der Datentabelle im Diagramm dargestellt sind.

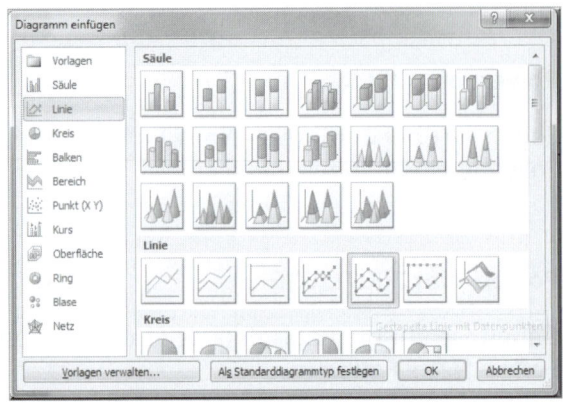

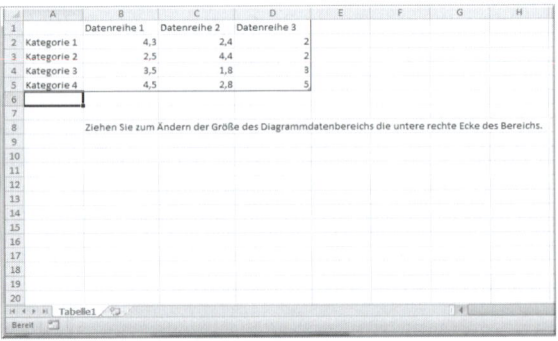

Diagramm umwandeln. Mit ein paar Mausklicks lässt sich ein Diagramm formatieren bzw. in einen anderen Diagrammtyp umwandeln. Mit der rechten Maustaste in das Diagramm klicken, **Diagrammtyp ändern** wählen. Entscheiden Sie sich für einen anderen Diagrammtyp.

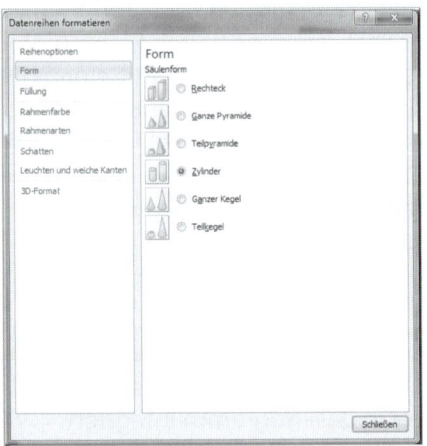

Bild statt Säule. Klicken Sie auf eine der Säulen, klicken Sie in der Registerkarte **Diagrammtools/ Formate** – **Formenarten** – **Fülleffekte** – **Bild** ... Suchen Sie die gewünschte Grafik aus und bestätigen Sie mit **Einfügen**.

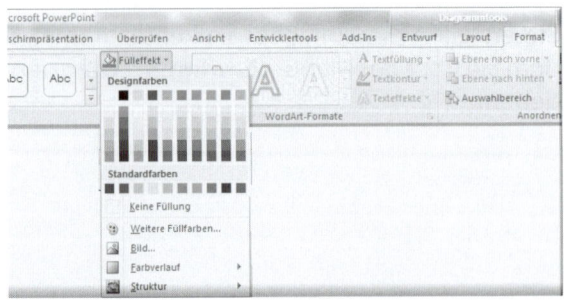

6

Organigramm

PowerPoint 2003

In der Zeichnenleiste finden Sie auch eine **Diagrammsammlung**.

Wählen Sie das **Organigramm**, es öffnen sich drei Untergebene. Zusätzlich wird die Organigramm-Symbolleiste geöffnet. Über die erste Schaltfläche **Form einfügen** können Sie neue Elemente aus drei Kategorien einfügen:

- Untergebene sind neue Elemente in einer Hierarchieebene tiefer.
- Kollegen sind Elemente in der gleichen Hierarchieebene.
- Assistent fügt eine Stabsstelle in seitlicher Position ein.

Per Layout definieren Sie, wie Untergebene unterhalb des Managers angeordnet werden. Wichtig ist hier die Option **AutoLayout**. Sie ist standardmäßig aktiviert und sorgt für die automatische Anpassung von Größe und Anordnung der Organigrammelemente, wenn Sie Elemente hinzufügen oder löschen. Markieren unterstützt bei der gezielten Auswahl identischer Organigrammelemente.

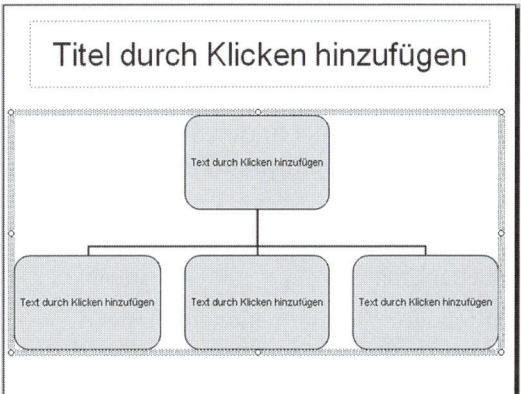

So können Sie beispielsweise alle Verbindungslinien mit einem Mausklick markieren, um sie zu formatieren. Mit einem Klick auf **AutoFormat** gelangen Sie in ein Dialogfeld, in dem Sie unter verschiedenen Varianten für das Erscheinungsbild aussuchen können.

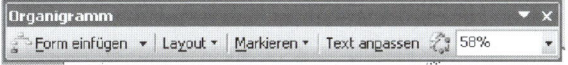

Felder löschen. Sie löschen die Felder, indem Sie sie markieren und die Entf-Taste drücken.

Schematische Darstellungen haben gegenüber (Auto)Formen mehrere Nachteile. Untergebene können nur hängend und nicht in gerader Linie angeordnet werden. An der Spitze eines Organigramms ist nur ein Element möglich. Die automatische Schriftanpassung ist irritierend.

PowerPoint 2007/2016

Unter der Registerkarte **Illustrationen** finden Sie unter **SmartArt** Grafiken zur Hierarchie. Verfahren Sie wie bei PowerPoint 2003.

Visuelle Darstellungen

PowerPoint 2003

In der Zeichnenleiste finden Sie auch eine **Diagrammsammlung**. Hier können Sie außer
einem Organigramm auch Zyklusdiagramm,
Radialdiagramm, Pyramidendiagramm, Venn-
Diagramm und Zieldiagramm wählen.

PowerPoint 2007/2016

Unter der Registerkarte **Illustrationen** gehen
Sie auf **SmartArt**. Hier finden Sie eine vielfältige
Auswahl, um Ihre Informationen visuell zu ge-
stalten.

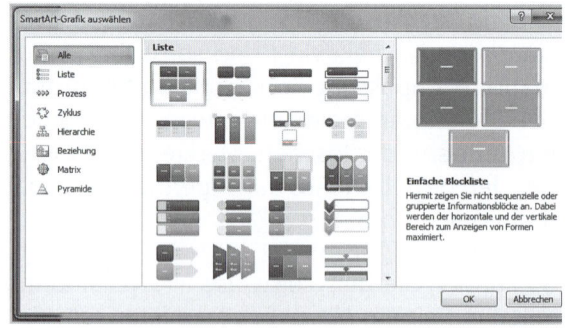

Zweck der Grafik	Grafiktyp
Nicht sequenzielle Informationen anzeigen	Liste
Schritte in einem Prozess oder auf einer Zeitachse anzeigen	Prozess
Einen kontinuierlichen Prozess anzeigen	Zyklus
Eine Entscheidungsstruktur anzeigen	Hierarchie
Ein Organigramm erstellen	Hierarchie
Verbindungen veranschaulichen	Beziehung
Anzeigen, wie sich Teile auf ein Ganzes beziehen	Matrix
Anzeigen der proportionalen Beziehungen zur größten Kompo-nente auf der Ober- oder Unter-seite	Pyramide

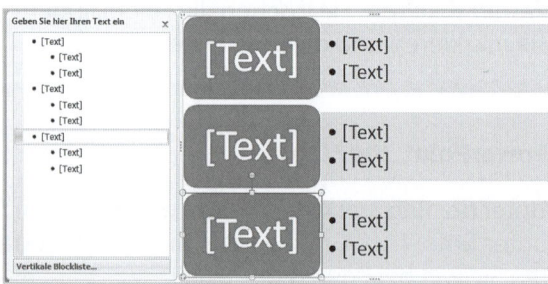

Sobald Sie die Grafik aktiviert haben, können Sie
mit der Beschriftung links beginnen.

Hyperlink einfügen

Als Hyperlink (auch Link; aus dem Englischen für Verknüpfung, Verbindung, Verweis) bezeichnet man einen Verweis innerhalb eines Dokuments auf eine andere Stelle in demselben Dokument, einem anderen Dokument oder auf eine Internetseite. Während der Präsentation erfolgt die Verknüpfung automatisch, sobald Sie auf das verlinkte Wort klicken.

In einer PowerPoint-Folie können Sie Hyperlinks einfügen.

Zuerst markieren Sie das Wort, das eine Verknüpfung erhalten soll. Anschließend fügen Sie einen Hyperlink ein.

PowerPoint 2003

Gehen Sie über das Menü **Einfügen – Hyperlink** .

PowerPoint 2007/2016

Gehen Sie über die Registerkarte **Einfügen – Hyperlink**.

Nun öffnet sich ein neues Fenster mit dem Titel **Hyperlink einfügen**. Sie haben nun vier Möglichkeiten zu bestimmen, an welche Stelle der Link führen soll, wenn Sie ihn anklicken:

1. Zu einer bestimmten Datei oder Webseite

2. Zu einer bestimmten Stelle im aktuellen Dokument

3. Zu einem neuen Dokument, das bisher noch nicht existiert hat

4. Zu einer E-Mail-Adresse

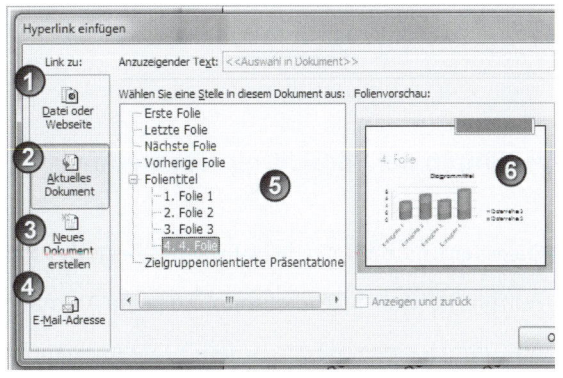

Wenn Sie **Aktuelles Dokument** (2) anklicken, wählen Sie im nebenstehenden Fenster eine bestimmte Folie an, auf die der Link gesetzt werden soll (5). Mit **OK** bestätigen Sie die Auswahl und kehren zurück zur Präsentation.

Wenn Sie nun in den Präsentationsmodus wechseln, können Sie sich per Klick durch die Präsentation bewegen.

6

Interaktive Schaltflächen

PowerPoint 2003

In der Zeichnen-Symbolleiste finden Sie sie unter **AutoFormen** – **Interaktive Schaltflächen**.

PowerPoint 2007/2016

Unter der Registerkarte **Einfügen** – **Formen** finden Sie ganz unten **Interaktive Schaltflächen**.

Sie suchen sich also einfach eine Schaltfläche aus, klicken sie an und ziehen dann die Schaltfläche auf der Folie auf. Es öffnet sich sofort das Dialogfeld **Aktionseinstellungen**.

Bei den Schaltflächen ist bereits ein entsprechender Link eingerichtet, den Sie aber ändern können. Wenn Sie keine vordefinierten Aktionen einsetzen, sondern eine ganz bestimmte Folie der Präsentation aufrufen möchten, verwenden Sie die Schaltfläche **Anpassen**.

Aktivieren Sie die Option **Hyperlink** und scrollen Sie nach unten, bis der Eintrag **Folie** ... zu sehen ist. Wählen Sie nun anhand des Folientitels die Folie aus, zu der die Schaltfläche verweisen soll. Beschriften Sie die Schaltfläche mit einem aussagekräftigen Namen.

.

Vorführen der Bildschirmpräsentation

Die wichtigsten Befehle beim Vorführen der Präsentation:	
Aufrufen der nächsten Folie (sofern keine Animation)	Return-Taste
Aufrufen der letzten Folie (sofern keine Animation)	Backspace-Taste
Aufrufen bestimmter Folien	Foliennummer + Return-Taste
Schwarzer Bildschirm (an- und ausstellen)	Punkt-Taste
Weißer Bildschirm (an- und ausstellen)	Komma-Taste
Bildschirmpräsentation beenden	Esc-Taste

6

Vorbereiten und Durchführen einer PowerPoint-Präsentation

Jede Idee ist nur so gut wie ihre Präsentation. Deshalb soll aus den erstellten Folien nun eine Präsentation entstehen. Auch hier gilt die Devise: Weniger ist mehr.

Alle Einstellungen erfolgen in der Foliensortierungsansicht, wo alle Folien als Miniaturbilder dargestellt werden. Das erleichtert es, mit dem Kontextmenü Folien zu verschieben, zu kopieren oder auszublenden. Folien können hier auch gelöscht werden.

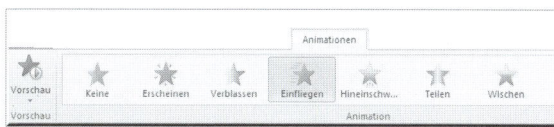

PowerPoint 2003

Der Folienübergang ist auszuwählen, um von Folie zu Folie zu wechseln. Es können für einzelne oder alle Folien Übergänge im Aufgabenbereich Folienübergang über den Menüpunkt **Bildschirmpräsentation – Folienübergang** festgelegt werden.

Über den Menüpunkt **Bildschirmpräsentation – Animationsschemas** öffnen Sie den Aufgabenbereich Foliendesign. Weisen Sie Ihren Texten und Grafiken Animationseffekte zu. Bedenken Sie, dass Sie sparsam und einheitlich animieren.

Im Menü **Bildschirmpräsentation** wird unter **Bildschirmpräsentation vorführen** der Vortrag am Bildschirm gestartet.

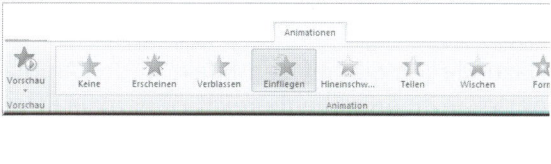

PowerPoint 2007

Gehen Sie auf die Registerkarte **Animation**. Wählen sie zunächst den Folienübergang aus, um von Folie zu Folie zu wechseln. Anschließend klicken Sie auf **Benutzerdefinierte Animation**. Es wird der Aufgabenbereich eingeblendet. Klicken Sie im Aufgabenbereich auf **Effekt hinzufügen**. Wählen Sie die Effektgruppe **Eingang**, um ein Objekt erst per Mausklick auf der Folie einzublenden.

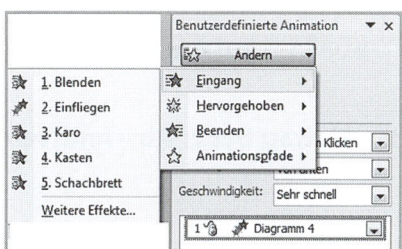

Klicken Sie auf **Weitere Effekte**. Markieren Sie im Dialogfeld **Eingangseffekt hinzufügen** einen Effekt und bestätigen Sie mit **OK**.

6

PowerPoint 2010/2016

Gehen Sie auf die Registerkarte **Übergang** – **Übergang zu dieser Folie**. Wählen Sie zunächst den Folienübergang aus, um von Folie zu Folie zu wechseln.

Anschließend klicken Sie auf die Registerkarte **Animation** – **Animation**. Wählen Sie aus der Effektgruppe **Eingang** einen Effekt aus, um ein Objekt erst per Mausklick auf der Folie einzublenden.

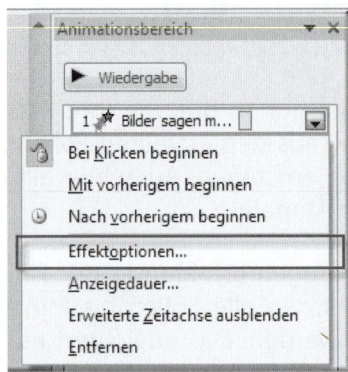

PowerPoint 2010

Öffnen Sie den Aufgabenbereich **Foliendesign**. Weisen Sie Ihren Texten und Grafiken **Animationseffekte** zu. Bedenken Sie, dass Sie sparsam und einheitlich animieren.

PowerPoint 2016

Weisen Sie Ihren Texten und Grafiken und Effektoptionen die entsprechenden **Animationseffekte** zu.

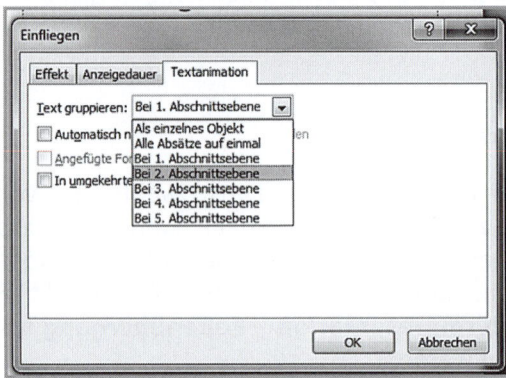

Aufzählungen und Formen animieren

Gliederungspunkte einer Aufzählung können einzeln animiert werden.

Dazu klicken Sie auf den Effekt in der Animationsleiste im Aufgabenbereich, öffnen die **Effektoptionen** und rufen die Registerkarte **Textanimation** auf.

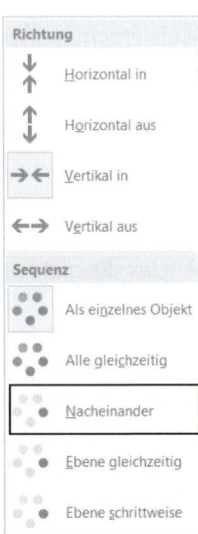

Wählen Sie den **Eintrag bei 2. Abschnittsebene**.

SmartArt-Objekte animieren

Dazu markieren Sie Ihr Objekt und klicken im Aufgabenbereich auf Effektoptionen und rufen die
Registerkarte SmartArt-Animation auf.

Sie können, je nach verwendetem Layout, aus folgenden Optionen auswählen:

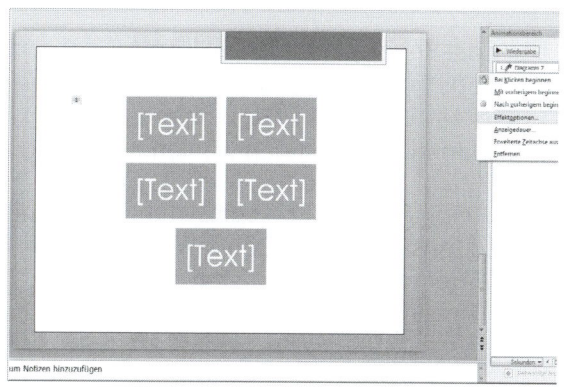

Als einzelnes Objekt	Die Animation wird angewendet, als sei die gesamte SmartArt-Grafik ein großes Bild oder ein Objekt.
Alle gleichzeitig	Alle Formen in der SmartArt Grafik werden gleichzeitig animiert. Die Unterschiede zwischen dieser Animation und „Als einzelnes Objekt" kommen vor allem bei Animationen zum Vorschein, bei denen sich die Formen drehen oder wachsen.
Schrittweise	Jede Form wird einzeln nacheinander animiert.
Sofort nach Ebene	Alle Formen auf derselben Ebene werden gleichzeitig animiert.
Schrittweise nach Ebene	Die Formen in der SmartArt-Grafik werden zuerst nach Ebene und anschließend in der betreffenden Ebene einzeln animiert.

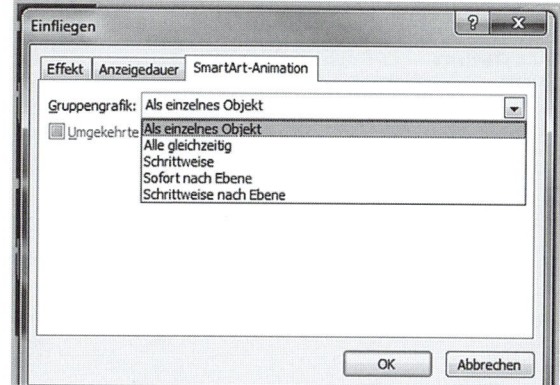

Bildschirmpräsentation einrichten

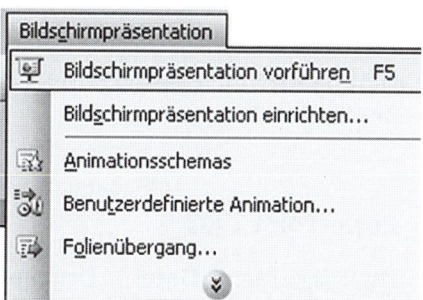

PowerPoint 2003

Im Menü **Bildschirmpräsentation** können Sie unter **Bildschirmpräsentation einrichten** die verschiedenen Einstellungen wählen.

Sollte eine Präsentation selbstständig durchlaufen,
so müssen Sie die Option **Wiederholen, bis „ESC"
gedrückt wird** aktivieren.

Anschließend zeichnen Sie die Folienanzeigedau-
er auf. Klicken Sie dazu auf **Neue Einblendezeiten
testen**. Führen Sie einen Testlauf durch.

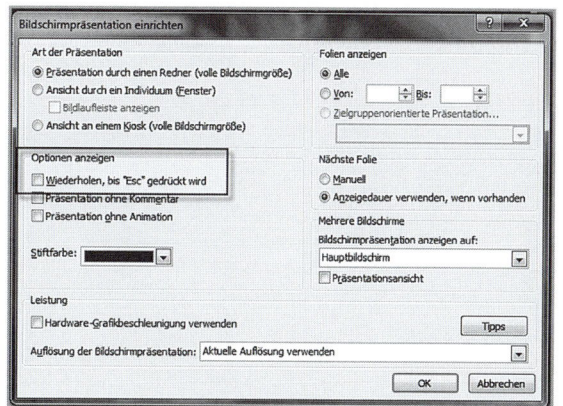

6

PowerPoint 2007/2016

Über die Registerkarte **Bildschirmpräsentation** – Gruppe **Einrichten** – Schaltfläche **Bildschirmpräsentation einrichten** können Sie die verschiedenen Einstellungen wählen.

Sollte eine Präsentation selbstständig durchlaufen, so müssen Sie die Option **Wiederholen, bis „ESC" gedrückt wird** aktivieren.

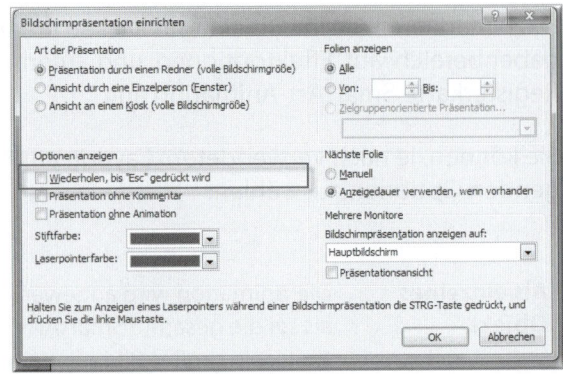

PowerPoint 2007

Unter der Registerkarte **Animation** ganz rechts **Nächste Folie – Automatisch nach**: die Zeit einstellen.

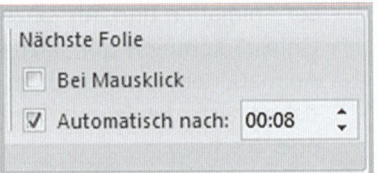

PowerPoint 2010/2016

Unter der Registerkarte **Animation** ganz rechts **Anzeigedauer – Dauer**: die Zeit einstellen.

PowerPoint-Präsentationen drucken

Natürlich können Sie die Präsentation auch komplett auf Papier ausdrucken.

PowerPoint 2003

Über das Menü **Datei** – **Drucken** kommen Sie zum gleichnamigen Dialogfenster. Hier können Sie genau festlegen, was und wie Sie drucken möchten.

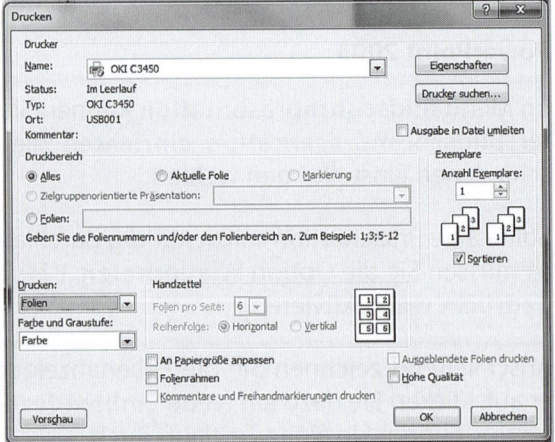

PowerPoint 2007

Gehen Sie auf die **Office-Schaltfläche** – **Drucken**, um auf der rechten Seite das Dialogfeld **Drucken** zu öffnen. Hier können Sie genau festlegen, was und wie Sie drucken möchten.

PowerPoint 2010/2016

Gehen Sie auf **Datei – Drucken**, um auf der rechten Seite die Backstage-Ansicht zu öffnen. Hier können Sie genau festlegen, was und wie Sie drucken möchten.

Für das Ausdrucken bietet Microsoft PowerPoint vier Ausgabetypen an: Folien, Handzettel, Notizseiten und Gliederungsansicht.

Folien drucken

Bei der Einstellung **Folien** werden die Folien so ausgedruckt, wie Sie sie auf dem Bildschirm sehen. Diese Einstellung müssen Sie wählen, wenn Sie Overheadfolien drucken möchten.

Zeitgenössisches Fotoalbum

Wählen Sie **Handzettel**, werden mehrere Folien zusammen auf einer Seite ausgedruckt.

Wählen Sie **3 Folien**, so werden auf der rechten Seite Linien für Notizen mit ausgedruckt.

Die Notizen werden bei der Auswahl **Notizseiten pro Folie** mitgedruckt.

Die Auswahl **Gliederungsansicht** gibt den Ausdruck so wieder, wie er auf der Registerkarte **Gliederung** zu sehen ist.

Handzettel erstellen

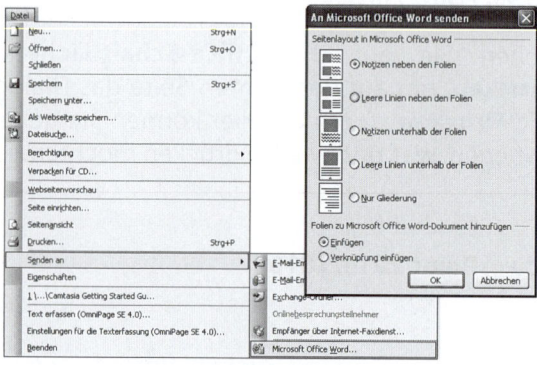

PowerPoint 2003

Öffnen Sie das Menü **Datei – Senden an – Microsoft Word**. Klicken Sie im Dialogfenster **An Microsoft Word senden** unter **Seitenlayout in MS Word** die erste Option an. In Word können Sie nun in der dritten Spalte Ihre Notizen, die Ihnen als Spickzettel für Ihren Vortrag dienen, notieren.

PowerPoint 2007

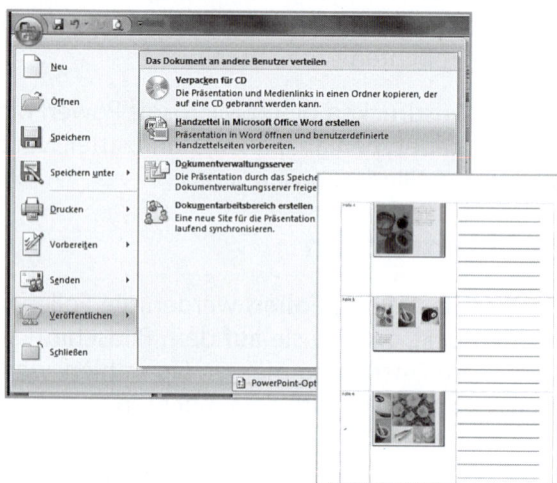

Gehen Sie auf die Office-Schaltfläche auf **Veröffentlichen – Handzettel in Microsoft Office Word erstellen**. Klicken Sie im Dialogfenster das gewünschte Seitenlayout an. In Word können Sie nun in der dritten Spalte Ihre Notizen, die Ihnen als Spickzettel für Ihren Vortrag dienen, notieren.

PowerPoint 2010

Öffnen Sie **Datei – Speichern und Senden – Handzettel erstellen**, um die Präsentaton in Word zu öffnen. Sie können nun in der dritten Spalte Ihre Notizen, die Ihnen als Spickzettel für Ihren Vortrag dienen, notieren.

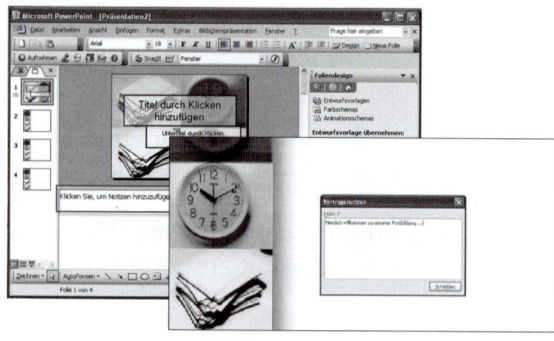

PowerPoint 2010

Öffnen Sie **Datei – Exportieren – Handzettel** erstellen und exportieren Sie Ihre Datei in Word.

Vortragsnotizen

In der Normalansicht erscheint unter der Folie der Hinweis **Klicken Sie, um Notizen einzufügen**.

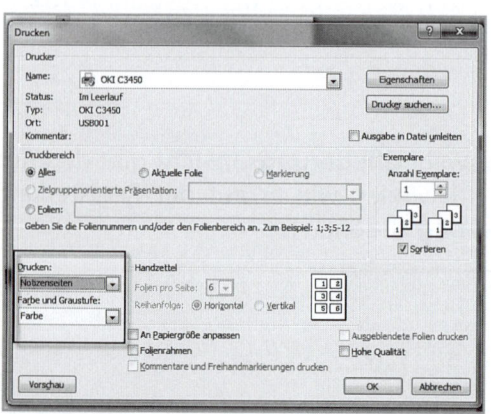

Im Präsentationsmodus erscheinen diese Notizen nicht, was auch nicht sinnvoll wäre. Sie können sich während eines Vortrags die Notizen anzeigen lassen, indem Sie das Kontextmenü öffnen und die **Vortragsnotizen einblenden**.

Beim Drucken Ihrer Notizen wählen Sie **Drucken – Notizseiten**.

Literaturverzeichnis

Adler, M. (2008). *Rhetorik und Präsentation - Lampenfieber: vom Feind zum Freund.* gefunden am 20. Januar 2008 unter http://www.martin-adler.org/TI/RHE/LampenfieberVomFeindZumFreund.htm.

BBS 11 Hannover (2002) *Mit Methoden lernen. Ein Angebot für Interessierte.*

Braun, H. (2008) *Aspekte zur Körpersprache.* Gefunden am 24.01.2008 unter http://lehrerfortbildung-bw.de/kompetenzen/projektkompetenz/durchfuehrung/abschlusspraes/koerpersprache/praesentation.htm.

Dedecek, R. (2008). *Vorüberlegungen zur Präsentation.* Gefunden am 5. Februar 2008 unter http://magic-point.net/fingerzeig/praesentation/praesentation-ausfuehrlich/vorueberlegungen/vorueberlegungen.html.

Formen des Manuskripts. Gefunden am 8. Februar 2008 unter http://magic-point.net/fingerzeig/praesentation/praesentation-ausfuehrlich/manuskript/manuskript.html.

Frey, K. (1996). Der Weg zum bildenden Tun. Weinheim/Basel: Beltz.

Krawiec, I. (2008) *Was ist Moderation?* Artikel Nr. 33. Mannheim: Krawiec Consulting Gefunden am 20. Mai 2008 unter http://www.train-the-trainer-seminar.de/monatstipps/moderation.htm.

Lugert, S. (2008). *Was ist Werbung? Definition.* Gefunden am 12. Mai 2008 unter http://www.unternehmen-fuehren.de/29/was-ist-werbung-definition/.

Mayer, M. (2000). *Einführung in die Präsentation.* Zusammengestellt von Stegh, (2002). Gefunden am 10. Februar 2008 unter http://teaching.schule.at/art/skript.htm.

Mayer, L. & Gebley, S. (2001). Projekt und Präsentation. Linz: Trauner Verlag.

Mediaplant (2008). *Fragen im Bewerbungsgespräch – Was kommt vor?* Gefunden am 5. Mai 2008 unter http://www.gelegenheitsjobs.de/public/intern/faq.php.

Otte, S. (2007). *Arbeitszufriedenheit: Werte im Wandel.* Saarbrücken: Vdm Verlag Dr. Müller.

Redenwelt (2008). *So gestalten Sie Präsentationen als Blickfang.* Gefunden am 20. Februar 2008 unter http://www.redenwelt.de/rede-tipps/medieneinsatz.html.

Manthei, H., Schiecke, D., Schieke, V. & Walter, S. *(2007)* PowerPoint aktuell (Hrsg.). *Präsentieren ist mehr als reden und zeigen – so aktivieren Sie Ihr Publikum.* Ausgabe 8/2007. Bonn: VNR Verlag für die Deutsche Wirtschaft AG.

Manthei, H., Schiecke, D., Schieke, V. & Walter, S. *(2008)* PowerPoint aktuell (Hrsg.). Ausgabe 1 - 12/2008. Bonn: VNR Verlag für die Deutsche Wirtschaft AG.

Saxler, U. (2008). *Bei Anruf Erfolg.* (4. Aufl.). München: Redline Wirtschaft, FinanzBuch Verlag GmbH.

Schiecke, D., Becker T. & Walter, S. (2006). *Das Ideenbuch für kreative Präsentationen.* Unterschleißheim: Microsoft Press Deutschland.

Schönherr (2004). *Wovon 80 % Ihres Erfolgs bei Präsentationen abhängen.* Gefunden am 29. Januar 2008 unter http://schoenherr.de/download/pdf-06-tipp_005.php.

Schwoppe, A. (2008). *Eine Präsentation nachbereiten.* Gefunden am 10. Januar 2008 unter http://www.selbstmanagen.de/Selbstmanagement/Prasentation/prasentation.html.

Seifert, J. (2000). *Visualisieren Präsentieren Moderieren* (15. Aufl.). Offenbach: Gabal Verlag.

Tille, B. (2008). *Schlüsselqualifikationen werden im Beruf immer wichtiger.* Gefunden am 7. Mai 2008 unter http://www.nlp-trainings-tille.de/nlp/blog/schluesselqualifikationen-werden-im-beruf-immer-wichtiger-397.html.

Walter, S. (2007). *Präsentionen mit PowerPoint 2007.* München: Markt + Technik Verlag.

Widmer, M. (2007). *PowerPoint für Fortgeschrittene.* Gefunden am 14. Dezember 2008 unter http://www.wings.ch/images/LP_PowerPoint_F_03.pdf.

Index

Index

Index

Index

Bildverzeichnis:

Seite 13   fotolia.com, #5169745
Seite 38   fotolia.com, #1409495